配电线路工标准化作业指导书

北京首电人才服务有限公司　组编

（技师）

内容提要

为了认真落实国家电网有限公司业务部署，坚持以服务人才培养为导向，国网北京市电力公司于2021年组织开发《配电线路工标准化作业指导书》丛书，本丛书由北京首电人才服务有限公司技能鉴定部编写。

本书为《配电线路工标准化作业指导书（技师）》，包括10项技师操作项目，分别是：耐张杆H型线夹压接操作、10kV绝缘导线弹射楔型线夹非承力连接、10kV柱上变压器绝缘电阻摇测、配电变压器的无载调压、用接地电阻表测量土壤电阻率、用绝缘电阻表测量10kV电缆绝缘电阻、10kV柱上断路器绝缘电阻摇测、装设10kV接地线操作、GJ-50mm^{2}拉线上把制作、更换GJ-35mm^{2}拉线操作。

本丛书可供人力资源管理人员、职业技能培训、技能等级评价及考评人员使用。

图书在版编目（CIP）数据

配电线路工标准化作业指导书：技师 / 北京首电人才服务有限公司组编．—北京：中国电力出版社，2021.12

ISBN 978-7-5198-6095-0

I. ①配… II. ①北… III. ①配电线路－标准化－技术培训－教材 IV. ① TM726-65

中国版本图书馆CIP数据核字（2021）第217660号

出版发行：中国电力出版社
地　　址：北京市东城区北京站西街19号（邮政编码100005）
网　　址：http://www.cepp.sgcc.com.cn
责任编辑：王　南（010-63412876）
责任校对：王小鹏
装帧设计：张俊霞
责任印制：石　雷

印　　刷：三河市万龙印装有限公司
版　　次：2021年12月第一版
印　　次：2021年12月北京第一次印刷
开　　本：787毫米×1092毫米　16开本
印　　张：15.5
字　　数：278千字
印　　数：0001—1500册
定　　价：88.00元

前言

为了认真落实国家电网有限公司业务部署，坚持服务人才培养为导向，充分运用先进人才培养理念和现代技术手段提升国家电网公司技术及技能人才综合实力，提高培训、技能等级评价的考试质量，国网北京市电力公司于 2021 年组织开发了《配电线路工标准化作业指导书》丛书。本丛书由北京首电人才服务有限公司技能鉴定部编写。

本书为《配电线路工标准化作业指导书（技师）》，内容以技能等级评价标准和相关技术规范为依据，紧密结合国网北京市电力公司生产现实要求，遵循操作步骤简洁明确、重点难点清晰的原则，内容覆盖相应岗位作业项目共计 10 项。这 10 项技师操作项目分别是： 耐张杆 H 型线夹压接操作、10kV 绝缘导线弹射楔型线夹非承力连接、10kV 柱上变压器绝缘电阻摇测、配电变压器的无载调压、用接地电阻表测量土壤电阻率、用绝缘电阻表测量 10kV 电缆绝缘电阻、10kV 柱上断路器绝缘电阻摇测、装设 10kV 接地线操作、GJ–50mm^2 拉线上把制作、更换 GJ–35mm^2 拉线操作。

《配电线路工标准化作业指导书》丛书可供人力资源管理人员、职业技能培训、技能等级评价及考评人员使用。作为技能培训教材，便于培训师对相应岗位人员作业操作的重点难点进行剖析，也可作为技能员工自学的参考书籍。本书为技能人员的日常工作提供了标准化的指导，可以令其保质保量地完成线路运营维护工作，同时实现生产安全，提高工作效率。

《配电线路工标准化作业指导书》丛书存在的不足之处，敬请读者批评指正，并提出宝贵意见。

编　者

2021 年 8 月

本书适用范围

（1）为了提高配电线路工作质量，提高配电线路人员职业能力，规范配电线路工的职业技能培训和评价工作，特编制本指导书。

（2）本指导书规定了配电线路工（技师）应具备的职业技能知识。

（3）本指导书是配电线路工（技师）的培训、鉴定依据。

（4）本指导书适用于从事配电线路职业的生产技能人员。

目 录

前言

配电线路作业指导书（公共部分）…… 1

操作项目 01 耐张杆 H 型线夹压接操作 …… 15

操作项目 02 10kV 绝缘导线弹射楔型线夹非承力连接 …… 35

操作项目 03 10kV 柱上变压器绝缘电阻摇测 …… 57

操作项目 04 配电变压器的无载调压 …… 79

操作项目 05 用接地电阻表测量土壤电阻率 …… 103

操作项目 06 用绝缘电阻表测量 10kV 电缆绝缘电阻 …… 117

操作项目 07 10kV 柱上断路器绝缘电阻摇测 …… 143

操作项目 08 装设 10kV 接地线操作 …… 173

操作项目 09 GJ-50mm^2 拉线上把制作 …… 191

操作项目 10 更换 GJ-35mm^2 拉线操作 …… 207

配电线路作业指导书（公共部分）

一、着装要求

（1）安全帽。

正　确　应在安全帽 30 个月的周期内使用（箭头指向年和月或箭头两侧为年指向为月）

错　误　2017 年 11 月生产，已超过使用期限

正　确　安全帽应无破损，附件齐全

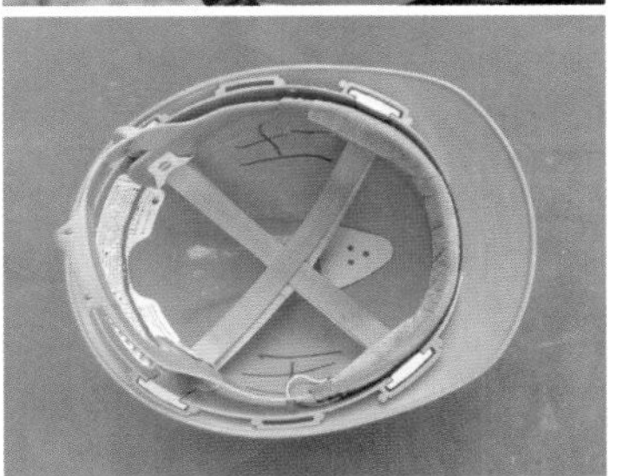

错　误　安全帽破损，配件缺失

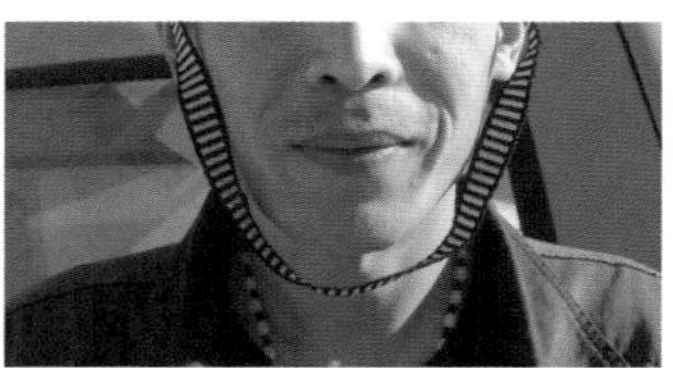

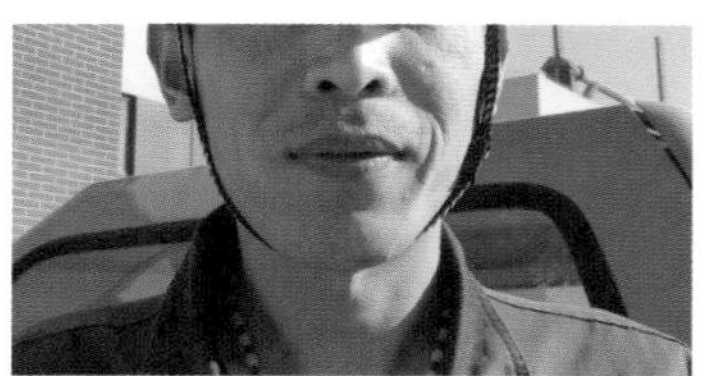

正　确　应系好安全帽下颏带，且应松紧适度，安全帽不脱落

错　误　安全帽未系下颏带，或下颏带松弛

（2）工作服。

正　确　进入现场应穿着全套纯棉工作服和绝缘鞋

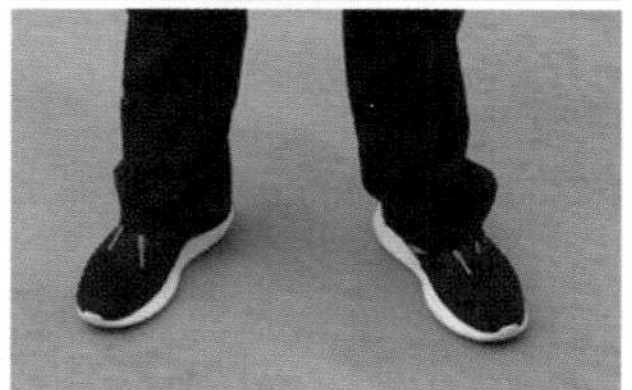

错　误　未穿纯棉工作服或穿非绝缘鞋

正　确　工作服的纽扣应扣好（风纪扣除外）

错　误　着装不整齐，防护部位缺失

（3）绝缘鞋。

正　确　绝缘鞋的鞋带应系好、系牢，便于工作中行走

错　误　鞋带未系好，易绊倒、跌倒

（4）手套。

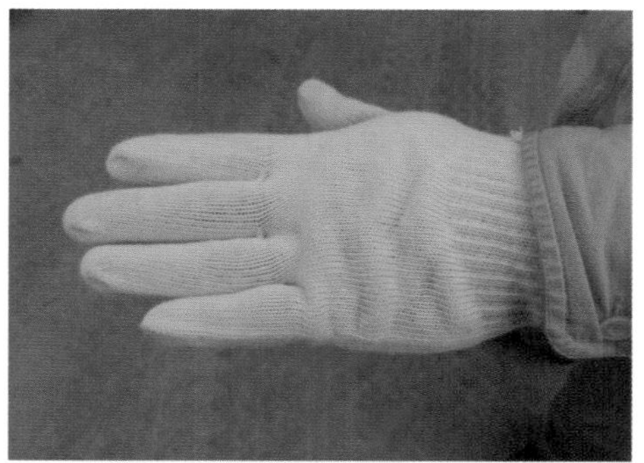

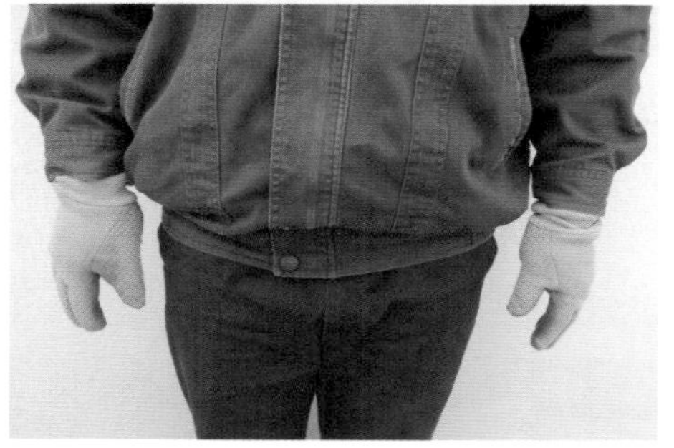

正　确　现场工作应戴纯棉手套

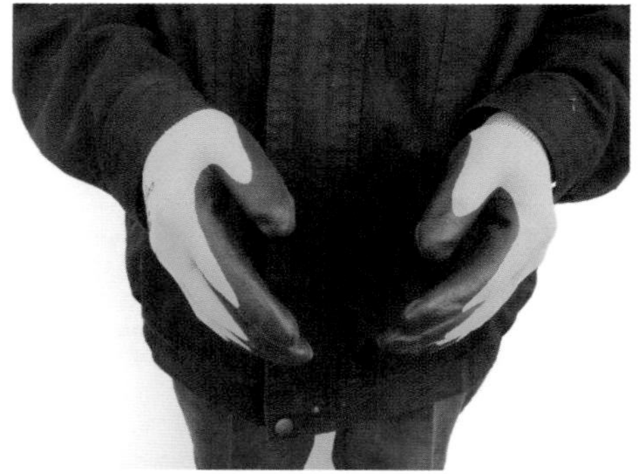

错　误　不可戴非电力用纯棉手套

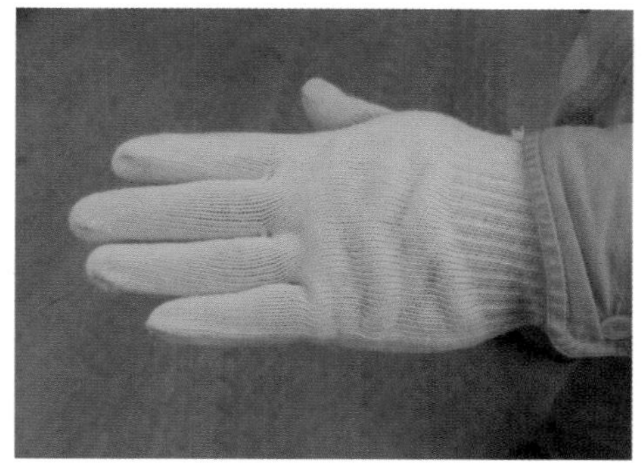

正　确　手套无破损，对手部保护严密

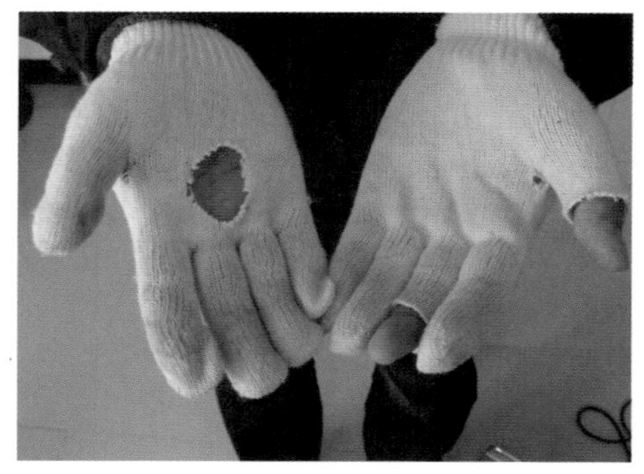

错　误　手套有破损，手指缺少保护

二、登杆工具要求

（1）脚扣。

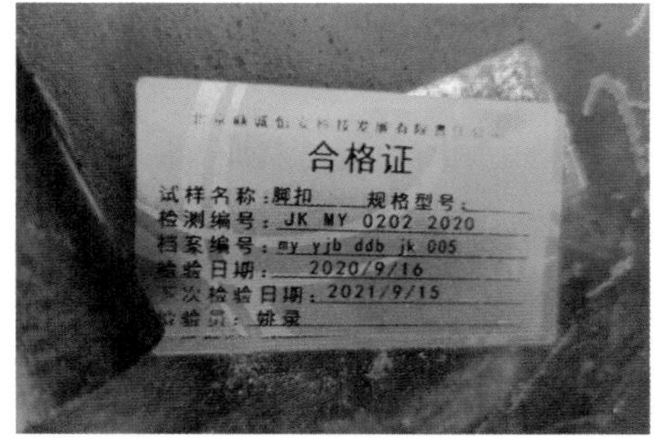

正 确 每年进行一次静压力为1176N，且持续时间为5min的静负荷试验检验，且在合格周期内，周期标签应齐全清晰

错 误 无周期检验标签，已超过检验周期

正 确 脚扣无变形，弯臂与电杆咬合稳定，能够可靠抱住电杆

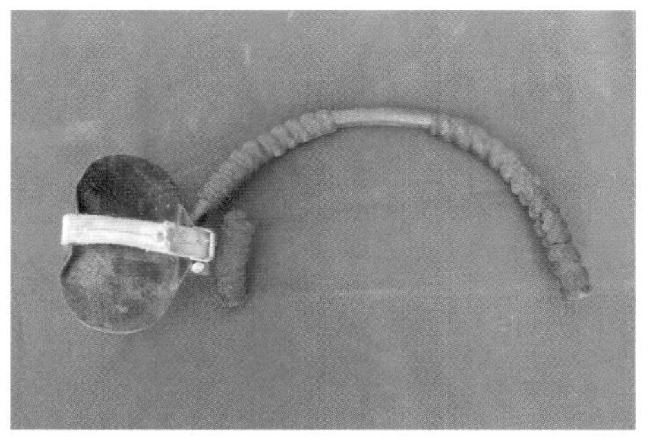

错 误 脚扣变形，弯臂弧度大于电杆直径，对电杆抱握力不足，容易打滑

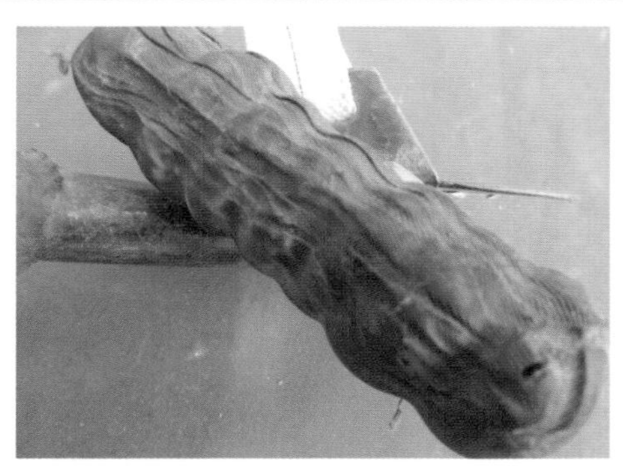

正　确　脚扣小爪橡胶无开裂，满足人员登杆过程与电杆的摩擦力

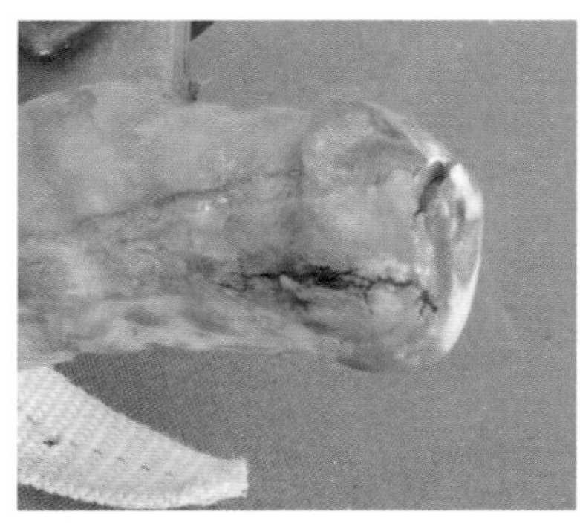

错　误　脚扣小爪橡胶开裂，形成金属与水泥电杆接触，摩擦力不能满足人员登杆的需要，容易打滑

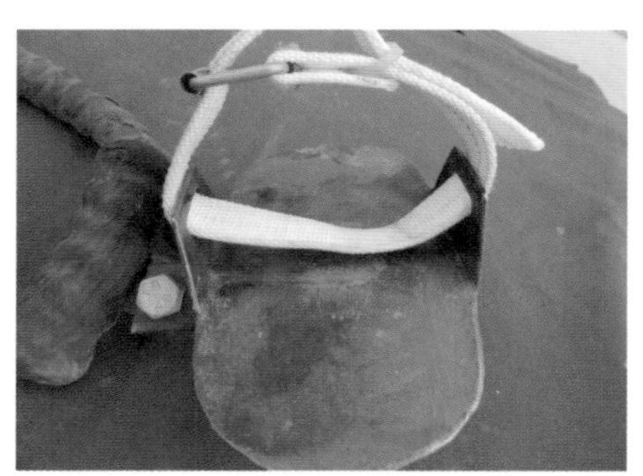

正　确　脚扣带完好无损伤，能够带动脚扣进行登杆

错　误　脚扣带破损，人员登杆过程中脚扣容易断裂，从而造成人员顺杆滑下危险

正　确　固定小爪的螺栓应紧固

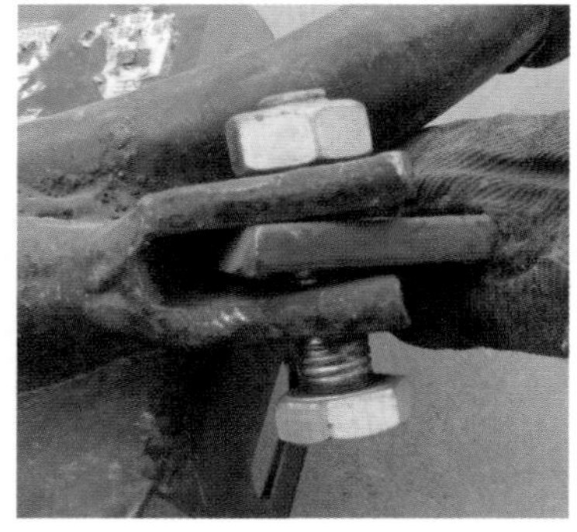

错　误　固定小爪的螺栓未紧固或即将脱落

（2）全方位安全带。

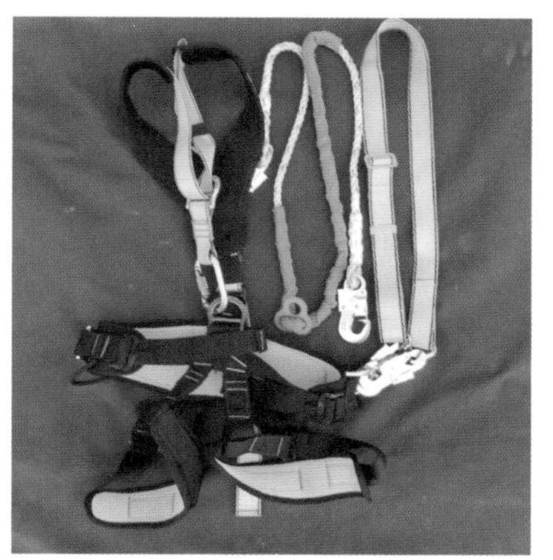

正　确　安全带的大带、围杆带及后备保护绳等部件齐全

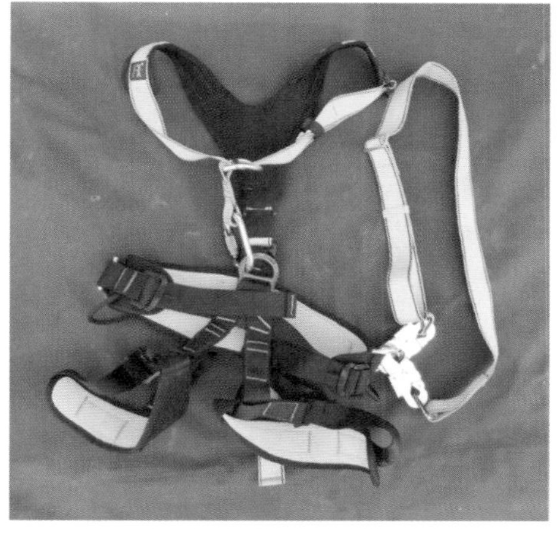

错　误　安全带无后备保护绳，使用时缺少一道保护

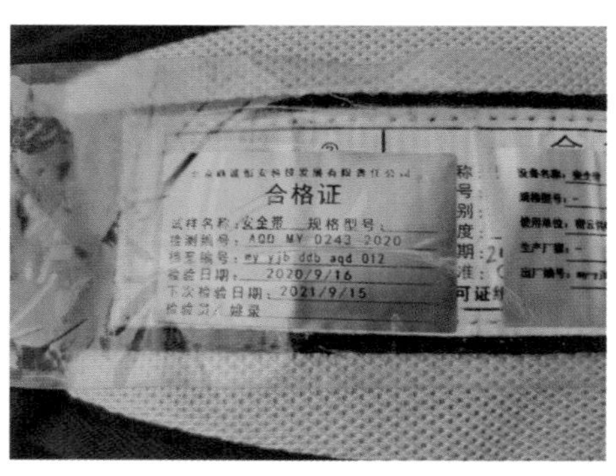

正　确　安全带应每年进行一次静负荷试验，围杆带的静负荷试验为2205N/5min、护腰带的静负荷试验为1470N/5min，且使用前应检查在检验合格周期内

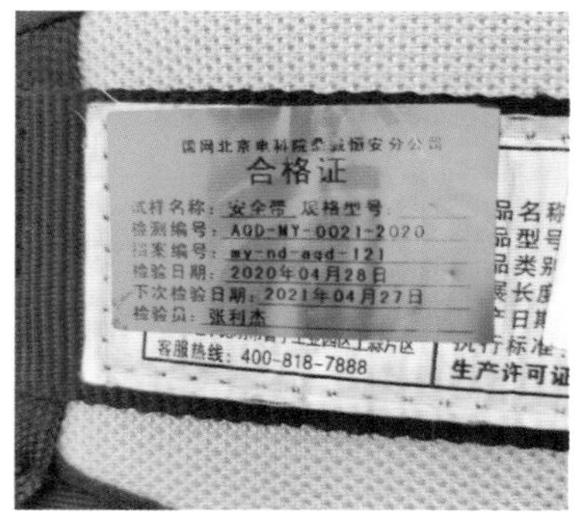

错　误　未定期进行检验或超过检验周期的，禁止使用

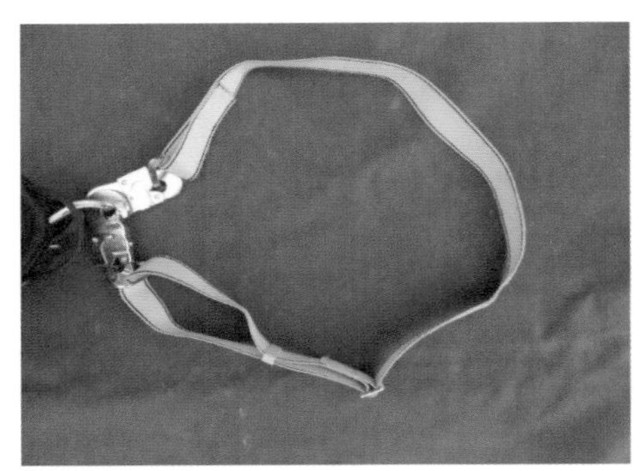

正 确 围杆带无开丝断股或灼伤

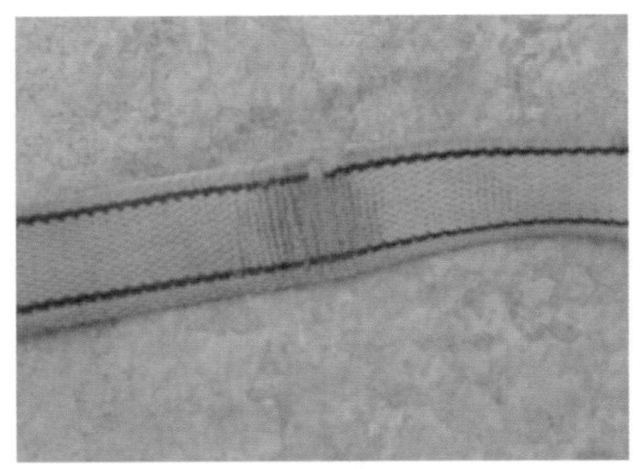

错 误 围杆带磨损严重，降低使用拉力

正 确 扣环保险有效，能够自动封口

错 误 扣环保险失效，因卡涩或变形不能自动封口

（3）传递绳。

正 确 无断股、损伤，满足提升工具时所承受的拉力

错 误 有断股，在提升工具时易发生断裂，造成工具坠落

三、电杆、拉线的检查

登杆前检查。

正　确　从线路的横、顺两个方向检查电杆竖直无倾斜

错　误　未检查电杆是否倾斜

正 确 登杆前检查杆身应无纵向裂纹

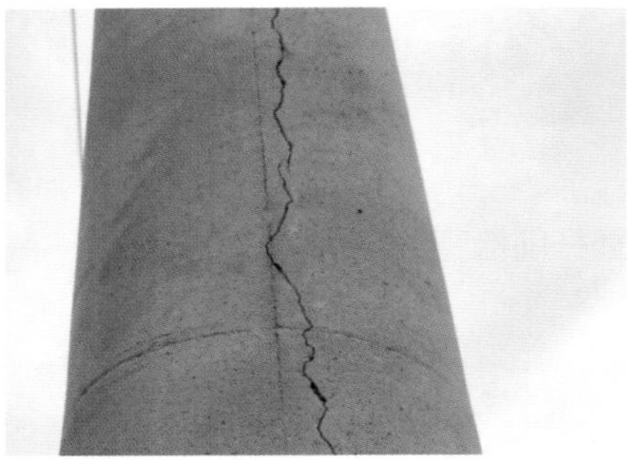

错 误 未检查杆身纵向裂纹

正 确 杆身的横向裂纹不大于裂纹位置电杆周长的 1/3

错 误 未检查杆身横向裂纹长度

正 确 通过 3m 线测量电杆埋深，且埋深满足 1/10 杆长 +700mm

错 误 未通过 3m 线测量电杆埋深，或埋深不满足 1/10 杆长 +700mm

正　确　通过观察顺拉线或晃动拉线，检查拉线受力良好

错　误　拉线松弛或未检查拉线受力

四、登杆作业步骤

登杆作业。

正　确　对后备保护绳进行人体冲击检查，且确认良好

错　误　未对后备保护绳进行人体冲击检查

正　确　检查安全带围杆带的扣环扣好，保险有效

错　误　未检查安全带围杆带的扣环是否扣好

正　确　登杆第一步对脚扣进行人体重量冲击试验检查，确认脚扣完好

错　误　登杆第一步未对脚扣进行人体重量冲击试验检查

正 确 登杆第一步对安全带进行人体冲击检查

错 误 未进行冲击检查试验

正 确 2m 及以上应系好安全带

错 误 2m 及以上未系好安全带，人员失去保护

正 确 登杆过程两只脚扣不互碰

错 误 登杆过程两只脚扣互碰，容易造成顺杆滑下的危险

正　确　穿越障碍时应使用后备保护绳，确保人员全程不失去安全保护

错　误　穿越障碍时未拴后备保护绳，人员失去安全保护

01 操作项目

耐张杆 H 型线夹压接操作

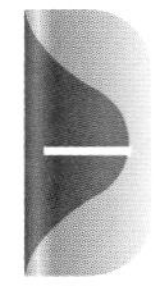

任务描述

利用 H 型线夹完成中压绝缘导线的非承力连接。

（1）使用 12t 液压钳进行 10kV 绝缘导线 H 型线夹非承力连接。

（2）H 型线夹压接完毕满足施工质量标准。

（3）该工作任务由单人登杆独立完成，操作过程不得失去后备保护。

（4）登杆工具应在检验周期内，使用全方位安全带。

操作时限

操作时限： 30min。

操作要点及其要求

1. 操作要点

（1）安全工器具、施工机具的检查。

（2）正确选取液压钳（不低于 12t）及 H 型线夹（YHD-300）。

（3）绝缘导线的调整、截取、绝缘层剥离及连接前的相应处理。

（4）导线压接工艺是否符合标准要求。

（5）绝缘恢复。

2. 操作要求

（1）剥除绝缘层、半导电屏蔽层必须使用专用切削工具，不得损伤导线，绝缘层剥除长度应与接续金具长度相同，误差不应大于 +10mm，绝缘层切口处应有 45° 倒角；
（2）10kV 绝缘线连接处应进行绝缘处理。将需要进行绝缘处理的部位清理干净，然后用自固化绝缘包材采用重叠压半边的方法缠绕两层，缠绕应超出线夹两端各 30mm，防止线芯进水、受潮。

四 准备工作

1. 项目场地要求

（1）现场架设 3 基 ϕ190×12m 电杆，杆型依次为终端杆、耐张杆、终端杆，导线水平排列。
（2）架设导线。
（3）耐张杆引线绝缘子已固定，未搭接。

2. 项目设备要求

（1）工作点两侧控制的开关、断路器、熔断器或隔离开关均应在分闸位置，并悬挂“禁止合闸，线路有人工作”标识牌。
（2）工作点应在地线保护范围内。

3. 项目工具要求

（1）液压钳。

正　确　外观无破损，钳压嘴无变形

错　误　外观破损，无电池

正　确　模具对应导线型号

错　误　模具未对应导线型号

（2）断线钳。

正　确　应选择对应导线材质的专用断线钳

错　误　未选择对应导线材质专用断线钳

（3）**剥皮器。**

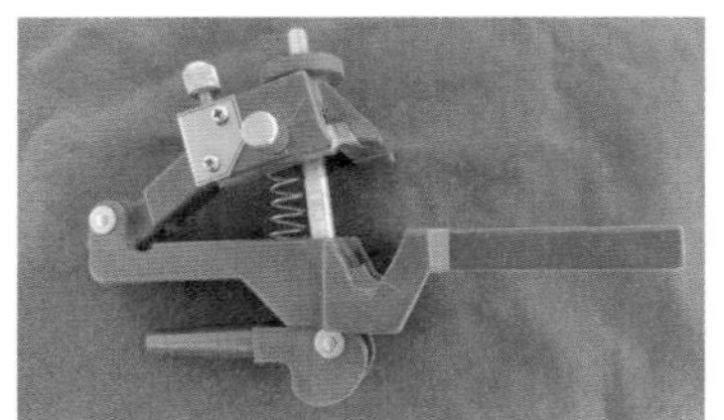

正　确 应选择专用剥皮器

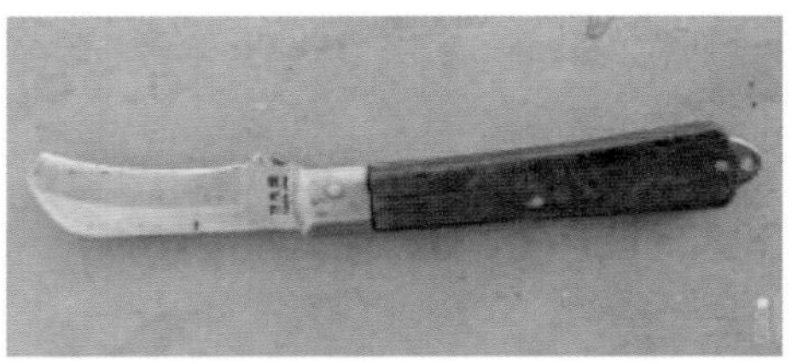

错　误 未选择专用剥皮器

（4）**钢丝刷子。**

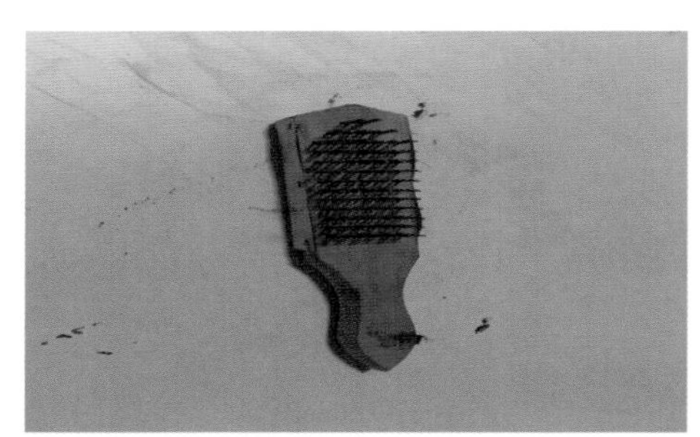

正　确 无损坏

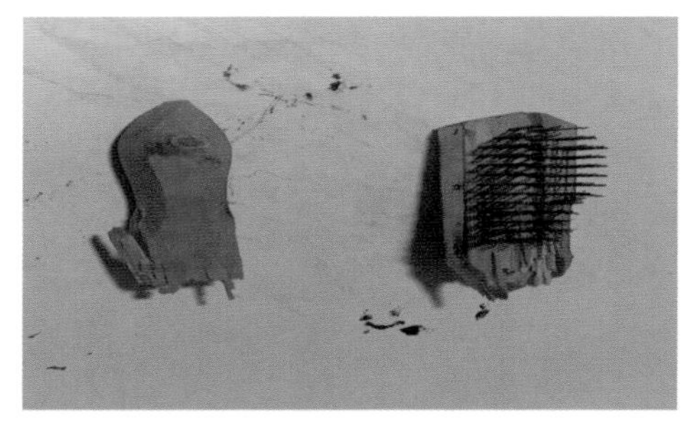

错　误 损坏

（5）**脚扣。**

具体操作步骤详见本书公共部分内容。

（6）**全方位安全带。**

具体操作步骤详见本书公共部分内容。

（7）**传递绳。**

具体操作步骤详见本书公共部分内容。

4. 项目材料要求

（1）H 型线夹。

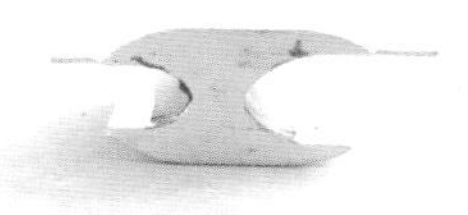

正　确　外观无破损

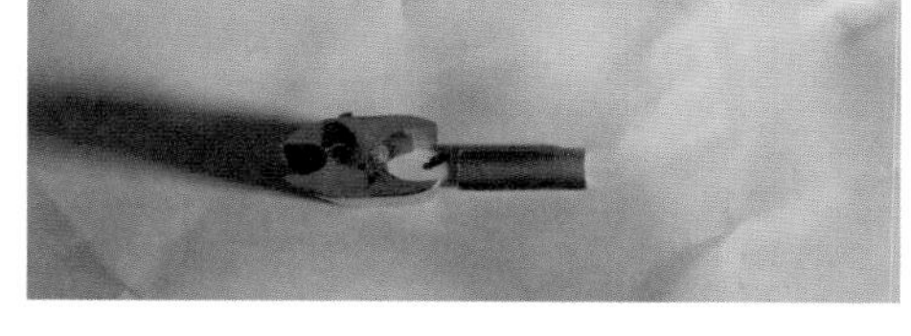

错　误　外观破损

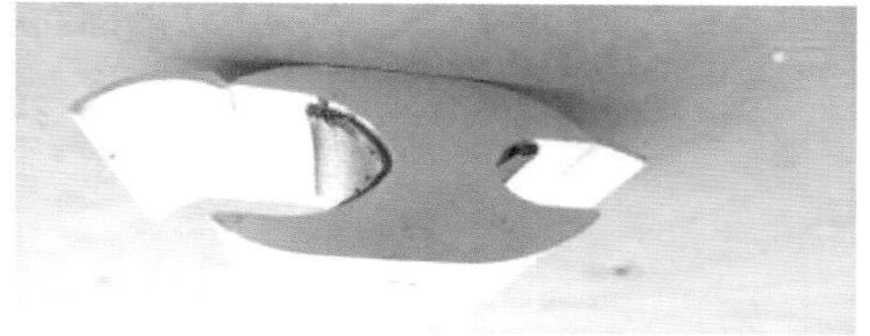

正　确　导电膏涂抹均匀

错　误　导电膏涂抹不均匀

（2）自固化绝缘包材。

正　确　用于恢复绝缘用的绝缘自粘带或绝缘包材电压等级符合要求，无老化、开裂等现象

错　误　提前打开，导致老化、开裂等现象

五 危险点及安全措施

1. 危险点描述

序号	危险点	描述
1	触电	误登带电杆塔造成人员直接触电或感应触电
		未正确使用验电器，挂接地线过程中触碰接地线或导线
2	高摔	人员失去安全保护
		脚扣打滑，人员由高处顺杆滑落
3	物品坠落	工具材料未固定好
		传递绳绑扎不牢固
4	倒杆	电杆埋深不足或裂纹严重
		拉线受力不正常

2. 安全措施

（1）针对触电采取的安全措施：

1）核对路名、色标、杆号正确无误；

2）确认工作线路已停电、验电、装设接地线悬挂标识牌；

3）如有需要穿越的线路也应停电、验电、装设接地线。

（2）针对高摔采取的安全措施：

1）登杆前对脚扣、安全带做冲击试验；

2）登杆第一步开始全程使用安全带，不得失去安全保护；

3）到达工作位置后应先系好后备保护绳；

4）登杆过程防止脚扣打滑；

5）安全带及后备保护绳不应低挂高用；

6）穿越障碍时不得失去安全保护。

（3）针对物品坠落采取的安全措施：

1）上下传递物品应使用传递绳；

2）工具、材料未挂牢前不得失去绳索保护；

3）绳扣系法正确；

4）工具材料接触地面时应轻缓。

（4）针对倒杆采取的安全措施：

1）登杆前检查电杆无横纵向裂纹，埋深满足要求；

2）检查拉线受力正常。

六 项目操作步骤

（1）登杆前检查。

具体操作步骤详见本书公共部分内容。

（2）登杆作业。

具体操作步骤详见本书公共部分内容。

（3）到达作业位置。

正 确 选择作业位置合理

错 误 作业位置过低

正 确 做好后备保护

错 误 未做后备保护

正 确 作业侧为承重腿，且在下

错 误 作业侧承重腿在上

（4）工具传递。

正 确 将传递绳固定在可靠位置

错 误 传递绳固定在身上

正 确 传递绳无缠绕

错 误 传递绳缠绕

正 确 工具材料应使用传递绳传递

错 误 随身携带工具上杆

正 确 先固定工具再解开传递绳

错 误 未固定工具就先解开传递绳

正 确 液压钳应始终在传递绳控制内

错 误 液压钳未在传递绳控制内

（5）导线绝缘层剥除及处理。

正 确 确定引线搭接位置

错 误 未确定引线搭接位置

正 确 应使用断线剪剪断引线

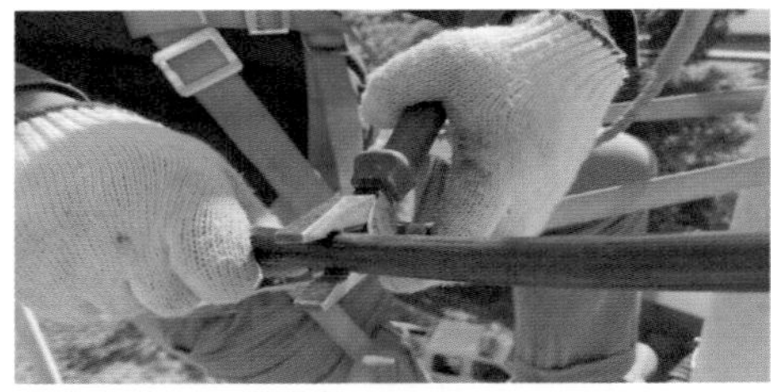

错 误 未使用断线剪剪断引线，而导线变形

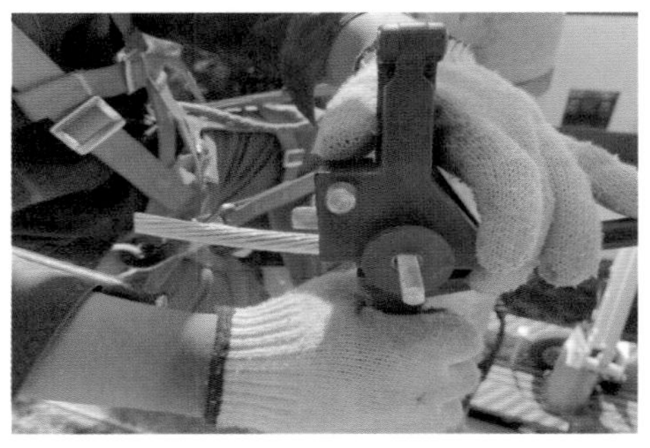

正 确 使用专用工具剥除电源侧导线绝缘层

错 误 未使用专用工具剥除电源侧导线绝缘层，从而伤及线芯

正 确 绝缘层切口处留有 45° 切角

错 误 绝缘层切口处无 45° 切角

正 确 使用专用工具剥除负荷侧导线绝缘层

错 误 未使用专用工具剥除负荷侧导线绝缘层导致伤及线芯

正 确 绝缘层切口处留有 45° 切角

错 误 绝缘层切口处无 45° 切角

正 确 打磨电源侧导线线芯，清除氧化层

错 误 未打磨电源侧导线线芯

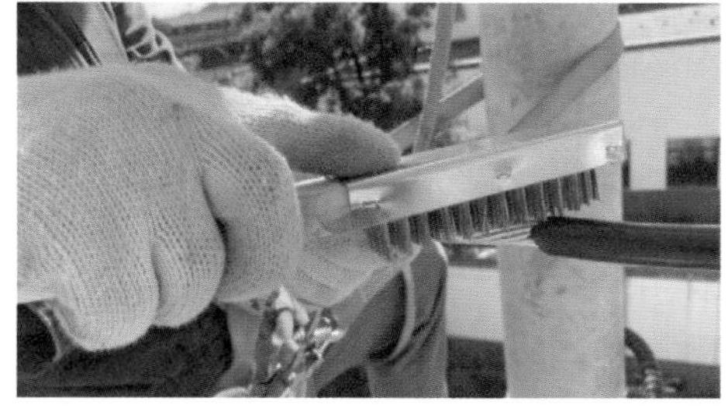

正 确 打磨负荷侧导线线芯，清除氧化层

错 误 未打磨负荷侧导线线芯

（6）进行导线压接。

正　确　安装 H 型线夹，H 型线夹压片应嵌入槽内

错　误　H 型线夹压片未嵌入槽内

正　确　使用液压钳进行压接

错　误　未使用液压钳进行压接

正　确　电源侧及负荷侧导线露出 H 型线夹不大于 30mm

错　误　露出小于 10mm 或未露出

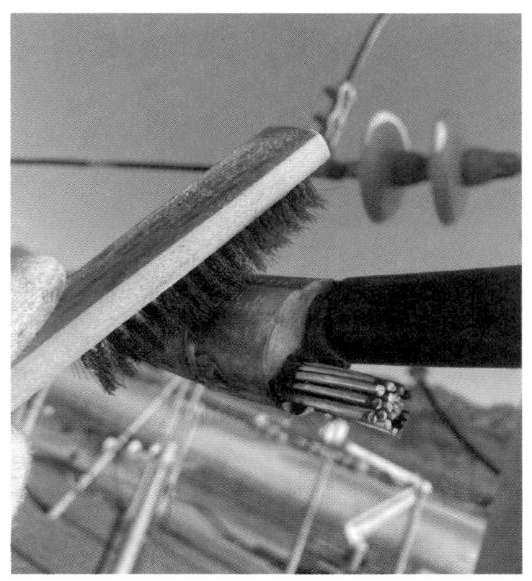

正 确 压接完毕应打磨线夹上的飞边毛刺

错 误 未进行打磨，线夹上存有飞边毛刺

正 确 压接完毕应平直

错 误 压接完毕弯曲

（7）恢复绝缘。

正 确 使用自固化绝缘包材压半边缠绕两层

错 误 未采用压半边的方法缠绕两层

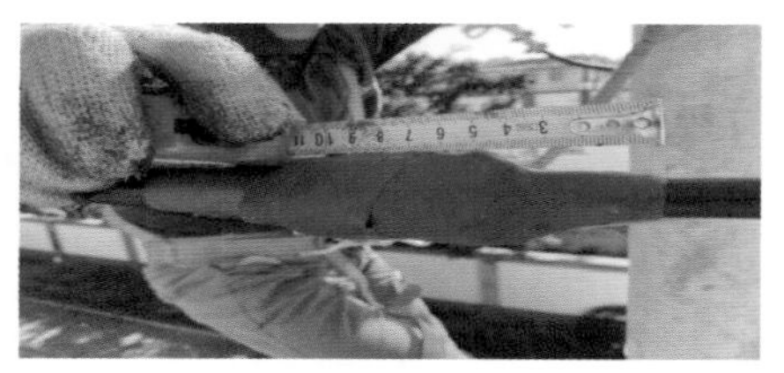

正　确　自固化绝缘包材应超出 H 型线夹两端露出线夹各 30mm

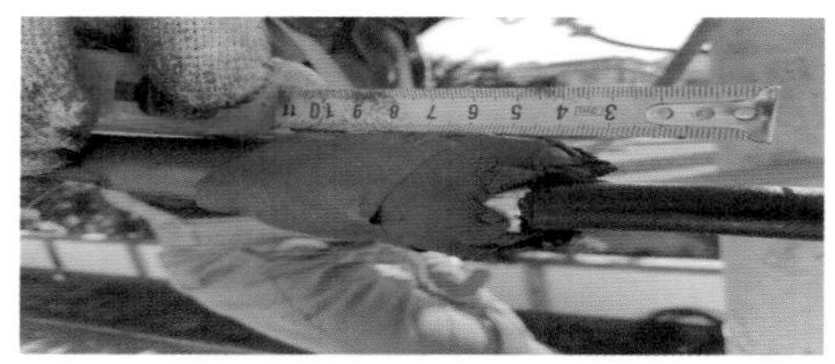

错　误　自固化绝缘包材未超出 H 型线夹两端露出线夹各 30mm

（8）压接工具、剩余导线传回地面。

正　确　将压接工具、剩余导线传至地面

错　误　随身携带压接工具下杆

（9）回检。

正　确　调整引线的相间、对地应满足安全距离

错　误　未调整引线，引线的相间、对地不满足安全距离

正 确 检查接头有无受损，严密封护，防止线芯进水、受潮

错 误 未检查接头，接头封护不严密，线芯容易进水、受潮

正 确 杆上无遗留工具、材料

错 误 杆上有遗留工具、材料

七 项目收尾工作

1. 设备复原

（1）拆除接地线。

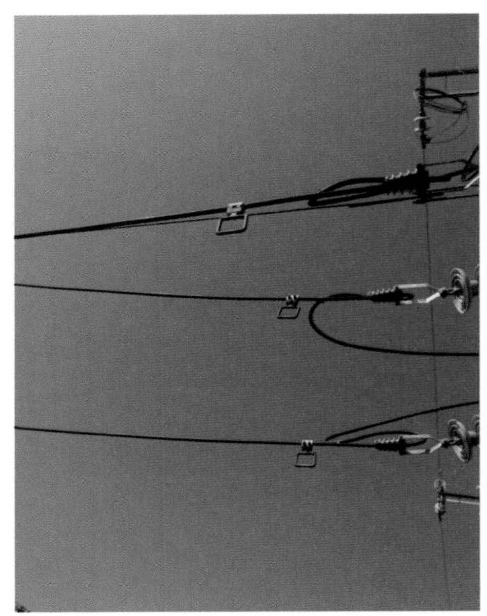

正　确　应拆除的接地线已全部拆除

错　误　应拆除的接地线未拆除

（2）标识牌。

正　确　应拆除的“禁止合闸，线路有人工作”标识牌已拆除

错　误　未拆除标识牌

（3）送电。

正　确　拉开的断路器、隔离开关已合上

错　误　拉开的断路器、隔离开关未合上

2. 工具复原

（1）工具复原。

正 确 工具应分类放置、码放整齐，检查工具有无损坏，清点工具有无遗漏或丢失

错 误 工具没有分类放置、码放整齐，未检查工具有无损坏，未清点工具有无遗漏或丢失

3. 现场清理

正 确 场地无遗留工具，场地整洁

错 误 场地有遗留工具，场地不整洁

10kV 绝缘导线弹射楔型线夹非承力连接

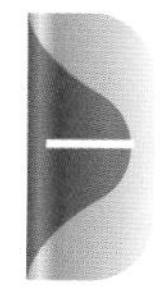

任务描述

利用弹射楔型线夹完成中压绝缘导线的非承力连接。

（1）绝缘导线非承力连接完毕后满足施工质量标准要求；

（2）该工作任务由单人登杆独立完成，操作过程不得失去后备保护；

（3）登杆工具应在检验周期内，使用全方位安全带。

操作时限

操作时限： 30min。

操作要点及其要求

1. 操作要点

（1）安全工器具、施工机具的检查；

（2）材料、工器具的正确选取；

（3）绝缘导线的调整、截取、绝缘层剥离及连接前的相应处理；

（4）弹射楔型线夹击发工具的使用；

（5）绝缘恢复。

2. 操作要求

（1）剥除绝缘层、半导电屏蔽层必须使用专用切削工具，不得损伤导线，绝缘层剥除长度应与接续金具长度相同，误差不应大于 +10mm，绝缘层切口处应有 45° 倒角。

（2）10kV 绝缘线连接处应进行绝缘处理。将需要进行绝缘处理的部位清理干净，然后用自固化绝缘包材采用重叠压半边的方法缠绕两层，缠绕应超出线夹两端各 30mm，防止线芯进水、受潮。

四 准备工作

1. 项目场地要求

（1）现场架设 3 基 ϕ190×12m 电杆，杆型依次为终端杆、耐张杆、终端杆，导线水平排列。

（2）架设导线。

（3）耐张杆引线绝缘子已固定，未搭接。

2. 项目设备要求

（1）工作点两侧的开关、断路器、熔断器或隔离开关均应在分闸位置，并悬挂“禁止合闸，线路有人工作”标识牌。

（2）工作点应在地线保护范围内。

3. 项目工具要求

（1）击发工具。

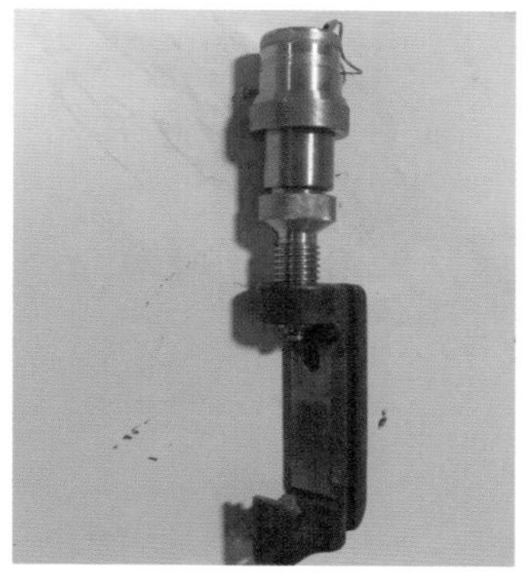

正 确 击发工具外观完好，无裂纹，击杆伸缩灵活，工具头的选用与线夹型号相符，黄色及红色标记线夹使用大号工具头，蓝色标记线夹使用小号工具头

错 误 部件不齐全

（2）断线钳。

正 确 应选择对应导线材质专用断线钳

错 误 未选择对应导线材质专用断线钳

（3）剥皮器。

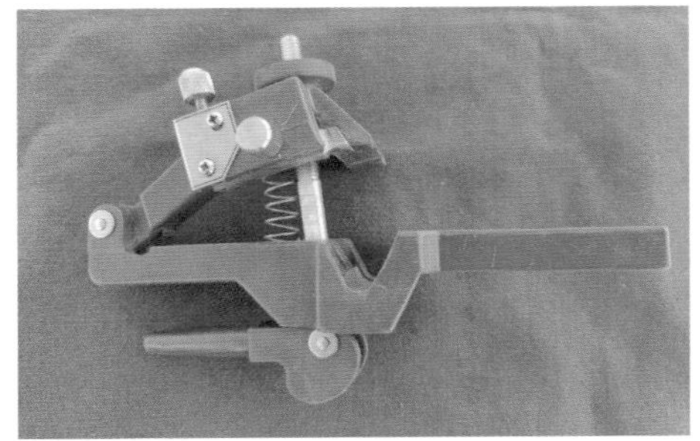

正 确 应选择专用剥皮器

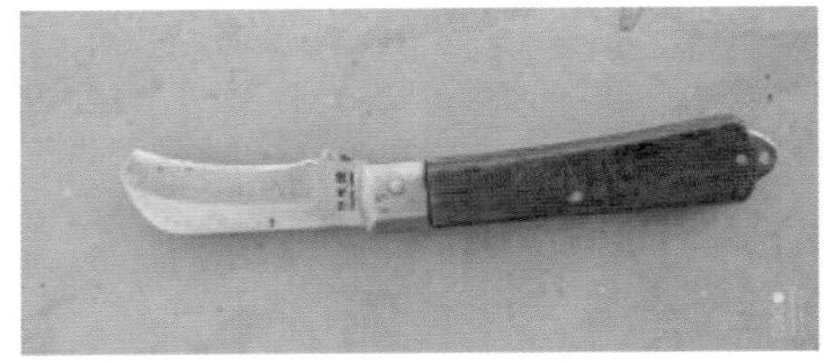

错 误 未选择专用剥皮器

（4）钢丝刷子。

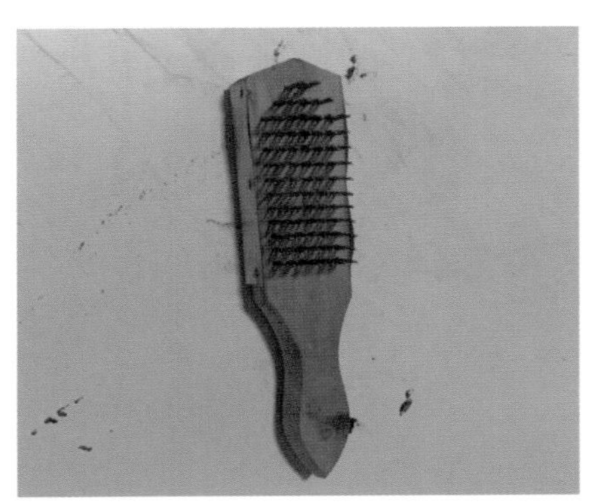

正 确 无损坏

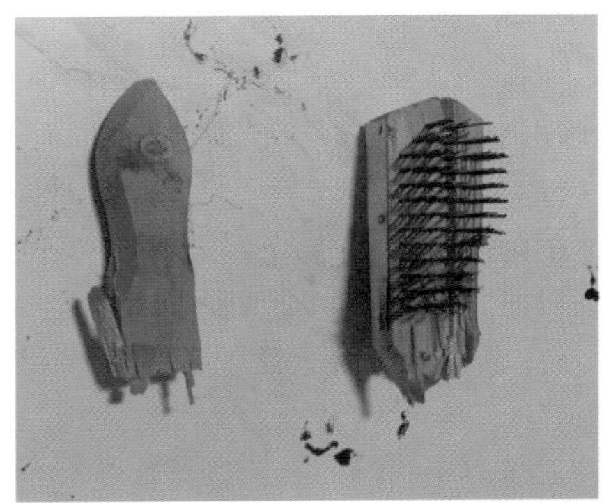

错 误 损坏

（5）脚扣。

具体操作步骤详见本书公共部分内容。

（6）全方位安全带。

具体操作步骤详见本书公共部分内容。

（7）传递绳。

具体操作步骤详见本书公共部分内容。

4. 项目材料要求

（1）楔型线夹。

正 确 外观无破损

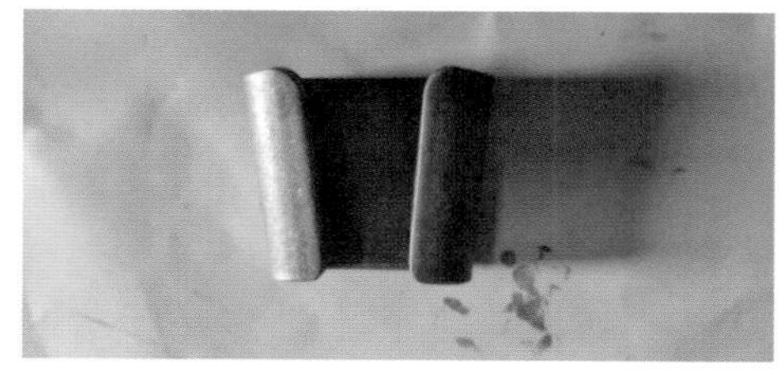

错 误 外观有破损

正 确 电力复合脂导电膏涂抹均匀

错 误 电力复合脂导电膏涂抹不均匀

（2）子弹。

正 确 型号选择正确

错 误 型号选择不正确

（3）自固化绝缘包材。

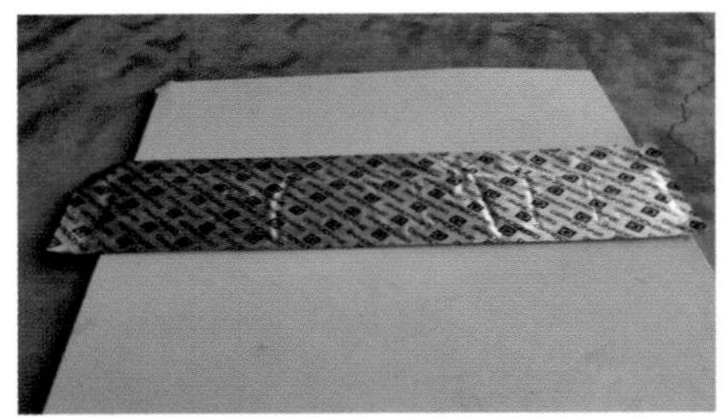

正 确 材料选择正确

错 误 材料选择不正确

五 危险点及安全措施

1. 危险点描述

序号	危险点	描述
1	触电	误登带电杆塔造成人员直接触电或感应触电
		未正确使用验电器，挂接地线过程中触碰接地线或导线
2	高摔	人员失去安全保护
		脚扣打滑，人员由高处顺杆滑落
3	物品坠落	工具材料未固定好
		传递绳绑扎不牢固
4	倒杆	电杆埋深不足或裂纹严重
		拉线受力不正常
5	弹射伤人	击发工具未对准楔块，造成子弹射空
		楔块未紧固固定从线夹中脱落，造成子弹射空或楔块弹出

2. 安全措施

（1）针对触电采取的安全措施：

1）核对路名、色标、杆号正确无误；

2）确认工作线路已停电、验电、装设接地线悬挂标识牌；

3）如有需要穿越的线路也应停电、验电、装设接地线。

（2）针对高摔采取的安全措施：

1）登杆前对脚扣、安全带做冲击试验；

2）登杆第一步开始全程使用安全带，不得失去安全保护；

3）到达工作位置后应先系好后备保护绳；

4）登杆过程防止脚扣打滑；

5）安全带及后备保护绳不应低挂高用；

6）穿越障碍时不得失去安全保护。

（3）针对物品坠落采取的安全措施：

1）上下传递物品应使用传递绳；

2）工具、材料未挂牢前不得失去绳索保护；

3）绳扣系法正确；

4）工具材料接触地面时应轻缓。

（4）针对倒杆采取的安全措施：

1）登杆前检查电杆无横纵向裂纹，埋深满足要求；

2）检查拉线受力正常。

（5）针对弹射伤人采取的安全措施：

击发工具在装好子弹后，切勿将手或其他物体放置在击杆前端，激发子弹时确保击发工具前方无人。

六 项目操作步骤

（1）登杆前检查。

具体操作步骤详见本书公共部分内容。

（2）登杆作业。

具体操作步骤详见本书公共部分内容。

（3）到达作业位置。

正 确 选择作业位置合理

错 误 作业位置过低

正 确 做好后备保护

错 误 未做后备保护

正 确 作业侧为承重腿且在下

错 误 作业侧承重腿在上

（4）工具传递。

正 确 将传递绳固定在可靠位置

错 误 传递绳固定在身上

正 确 传递绳无缠绕

错 误 传递绳缠绕

正 确 工具材料使用传递绳传递

错 误 随身携带工具上杆

正 确 先固定工具再解开传递绳

错 误 未固定工具先解开传递绳

（5）导线绝缘层剥除及处理。

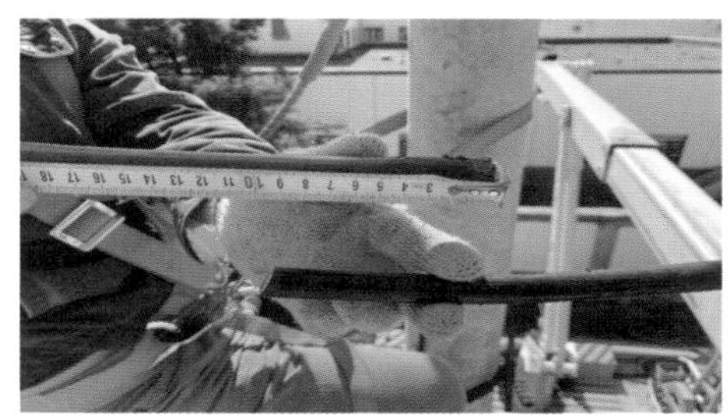

正 确 确定引线搭接位置

错 误 未确定引线搭接位置

正　确　使用断线剪剪断引线

错　误　未使用正确工具剪断引线导致导线变形

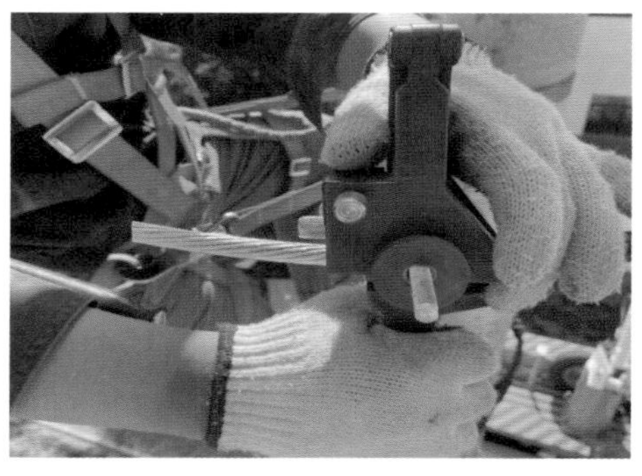

正　确　使用专用工具剥除电源侧导线绝缘层

错　误　未使用专用工具剥除电源侧导线绝缘层，导致伤及线芯

正　确　绝缘层切口处留有 45° 切角

错　误　绝缘层切口处无 45° 切角

正 确 使用专用工具剥除负荷侧导线绝缘层

错 误 未使用专用工具剥除负荷侧导线绝缘层，导致伤及线芯

正 确 绝缘层切口处留有 45° 切角

错 误 绝缘层切口处无 45° 切角

正 确 电源侧导线线芯打磨清除氧化层

错 误 电源侧导线线芯未打磨

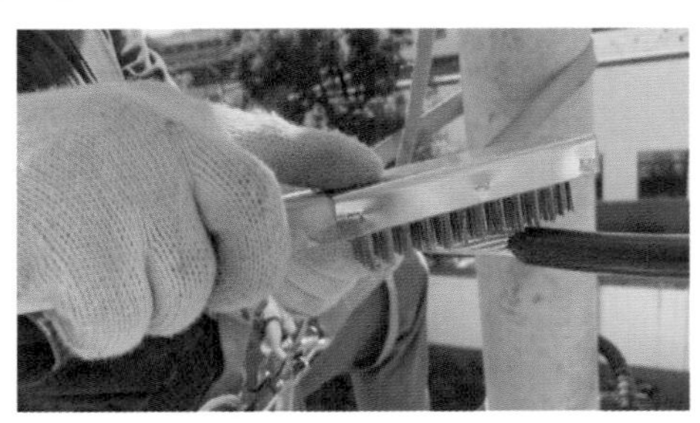

正　确　负荷侧导线线芯打磨清除氧化层

错　误　负荷侧导线线芯未打磨

（6）用弹射楔型线夹连接导线。

正　确　将电源侧导线及负荷侧导线置于线夹槽内

错　误　未将电源侧导线及负荷侧导线置于线夹槽内

正　确　将楔块推入楔型线夹框内

错　误　未将楔块推入楔型线夹框内

正 确 将楔块轻敲预塞紧至标线位置

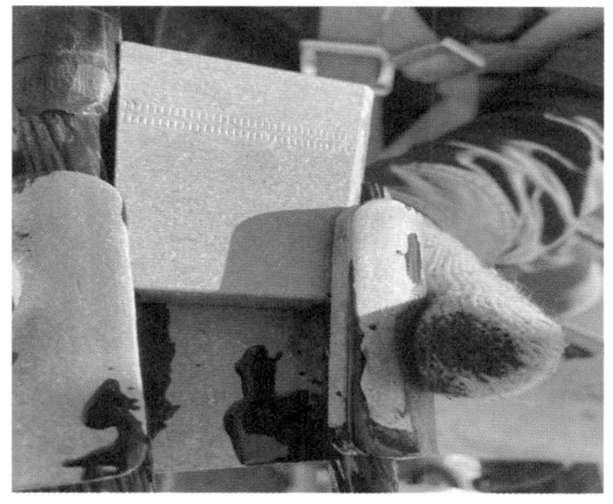

错 误 未将楔块轻敲预塞紧

正 确 将击发工具击发部分取下

错 误 未将击发工具击发部分取下

正 确 击杆完全退入动力单元

错 误 击杆未完全退入动力单元

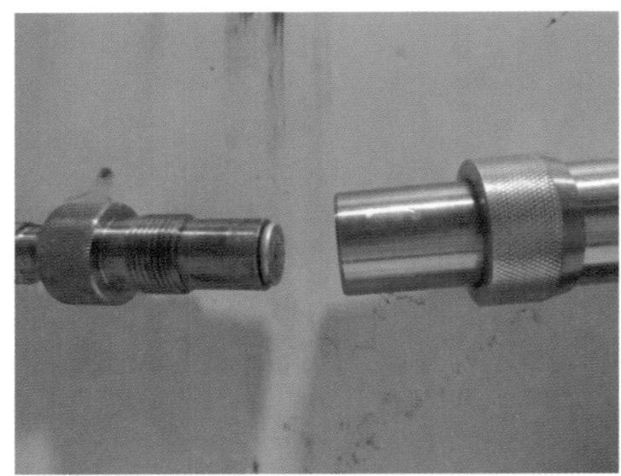

正　确　装入子弹并旋紧击发部分

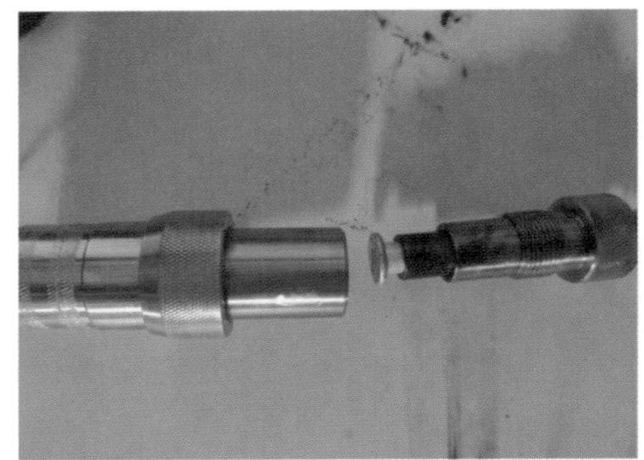

错　误　装入子弹不到位，未旋紧击发部分

正　确　击发工具从楔型线夹开口方向扣入

错　误　击发工具未从楔型线夹开口方向扣入

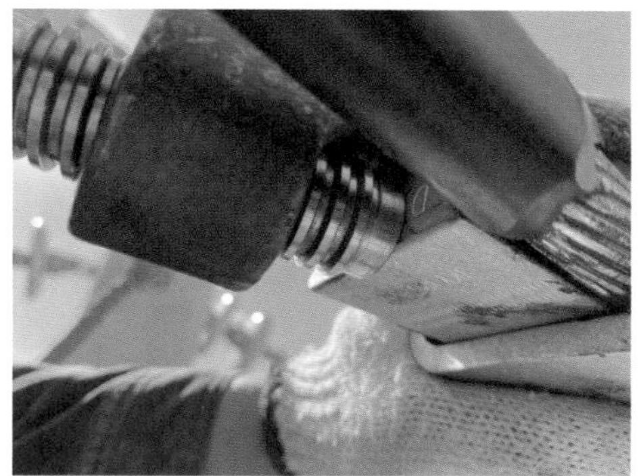

正 确 将楔型线夹窄端顶住击发工具头台阶，击杆顶住楔块尾端

错 误 未将楔型线夹窄端顶住击发工具头台阶，击杆顶住楔块尾端

正 确 旋紧动力单元，使楔型线夹固定在击发工具头上

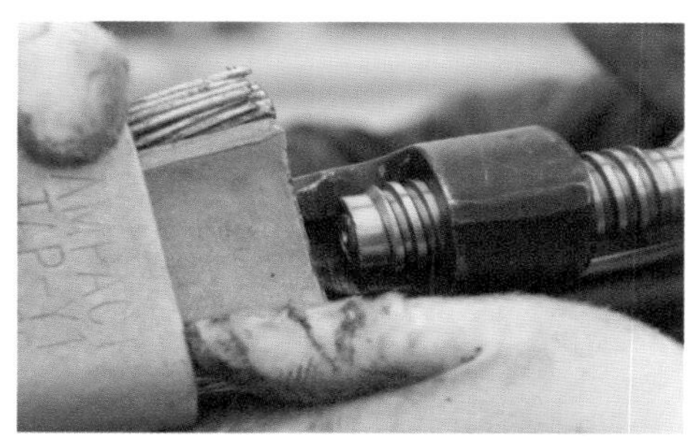

错 误 未旋紧动力单元

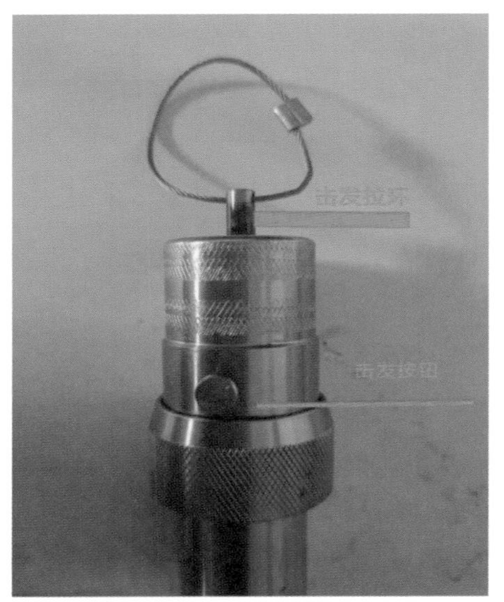

正　确　先拉开击发拉环，按下击发按钮（注意：禁止手放在安普处）

错　误　未先拉开击发拉环

正　确　完成击发后，旋松动力单元，退下击发工具

错　误　击发工具退出顺序不正确

正　确　楔块固定应紧固

错　误　楔块固定不紧固

正 确 线夹不应压住绝缘层

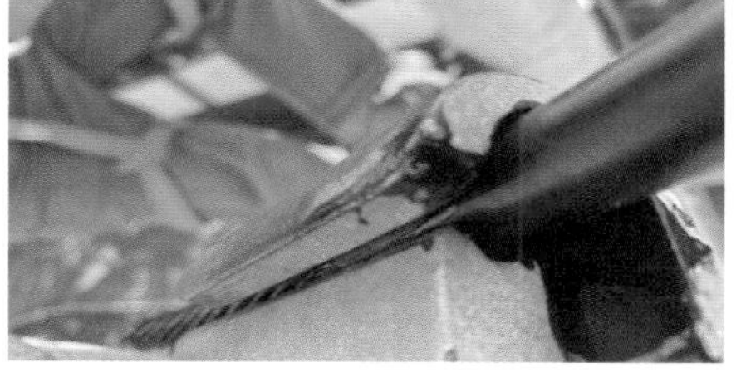

错 误 线夹压住绝缘层

正 确 尾线露出线夹且不大于10mm

错 误 尾线未露出；露出大于10mm

（7）恢复绝缘。

正 确 使用自固化绝缘包材压半边缠绕两层

错 误 未采用压半边的方法缠绕两层

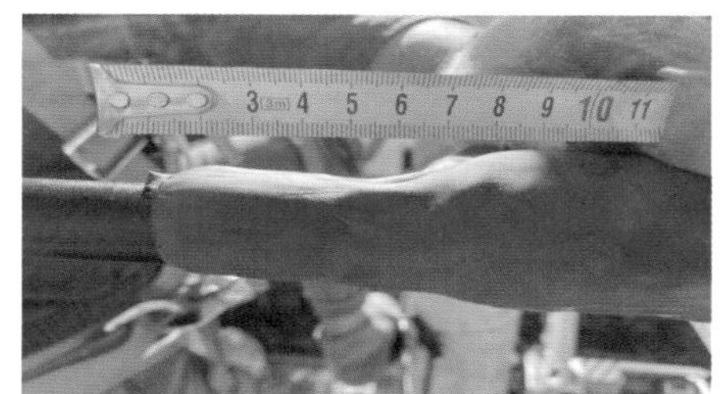

正 确 自固化绝缘包材应超出弹射楔型线夹两端露出线夹各 30mm

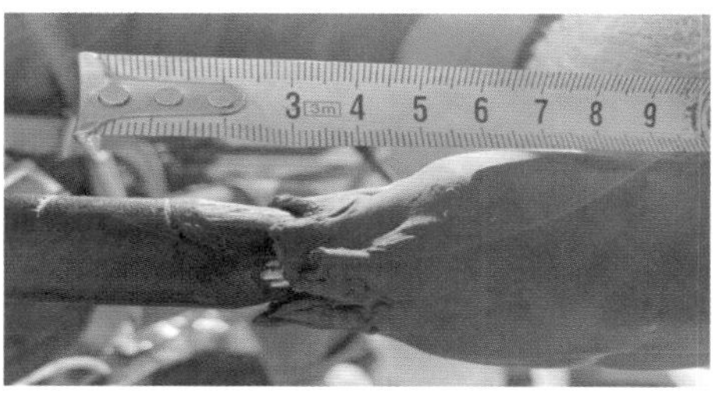

错 误 自固化绝缘包材未超出弹射楔型线夹两端露出线夹各 30mm

（8）击发工具、剩余导线传回地面。

正　确　将击发工具、剩余导线传至地面

错　误　随身携带击发工具下杆

（9）回检。

正　确　调整引线的相间、对地满足安全距离

错　误　未调整引线，引线的相间、对地不满足安全距离

正　确　检查接头有无受损，严密封护，防止线芯进水、受潮

错　误　未检查接头，接头封护不严密，线芯容易进水、受潮

正 确 杆上无遗留工具、材料

错 误 杆上遗留了工具、材料

七 项目收尾工作

1. 设备复原

具体操作参考本书项目操作 01 中项目收尾工作的设备复原相关内容。

2. 工具复原

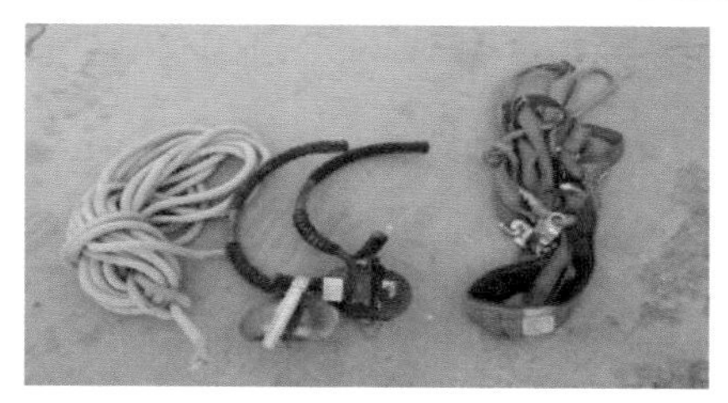

正 确 工具应分类放置、码放整齐，检查工具有无损坏，清点工具有无遗漏或丢失

错 误 工具没有分类放置、码放整齐，未检查工具有无损坏，未清点工具有无遗漏或丢失

3. 现场清理

正 确 场地无遗留工具，场地整洁

错 误 场地有遗留工具，场地不整洁

10kV 柱上变压器绝缘电阻摇测

任务描述

利用绝缘电阻表对 10 千伏配电线路柱上变压器进行绝缘电阻的测量。

（1）需确认柱上变压器已停电、验电、装设接地线、悬挂标示牌和装设遮拦。

（2）摇测完成后须对变压器进行放电。

（3）引线恢复后满足施工质量标准。

（4）该工作任务由两人完成，操作过程不得失去后备保护，1 人操作，另 1 人配合。

（5）登杆工具应在检验周期内，使用全方位安全带。

操作时限

操作时限： 45min。

操作要点及其要求

1. 操作要点

（1）正确选用仪表，使用前检查、试验、接线正确。

（2）摇测操作顺序正确，进行绝缘电阻合格性判断。

（3）引线拆除与安装，恢复运行标准。

（4）高处作业，超过 2m 应使用安全带，不应失去安全带保护，正确使用登高工具。

（5）判定变压器绝缘情况。

2. 操作要求

（1）绝缘电阻表、测试线及短接线选择正确；进行外观检查；对绝缘电阻表进行开、短路试验：开路试验指针指向“∞”，短路试验指针指向“0”。

（2）确认柱上变压器已停电、验电、装设接地线、悬挂标示牌和装设遮拦。

（3）一、二次引线拆除牢固与安装。

四 准备工作

1. 项目场地要求

现场架设 10kV 柱上变压器一台。

2. 项目设备要求

（1）工作点两侧的开关、断路器、熔断器或隔离开关均应在分闸位置，并悬挂“禁止合闸，线路有人工作”标识牌。

（2）工作点应在地线保护范围内。

3. 项目工具要求

（1）绝缘电阻表。

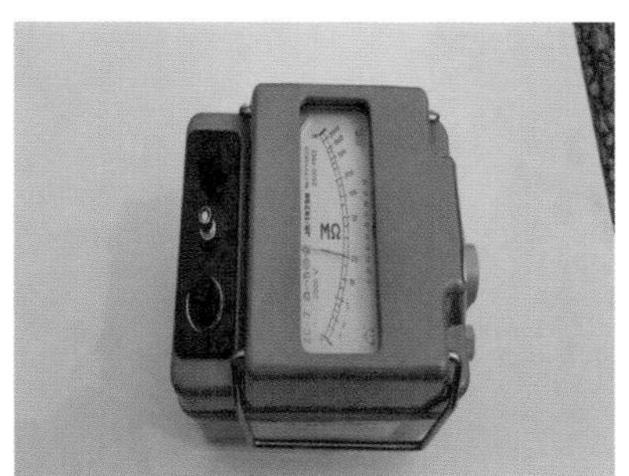

正　确　外观无破损

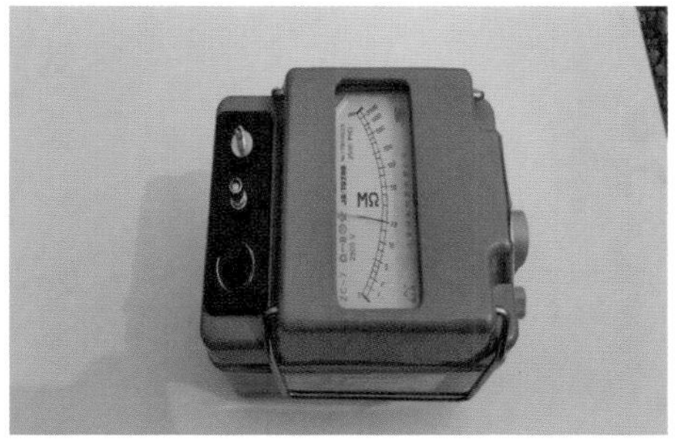

错　误　外观破损

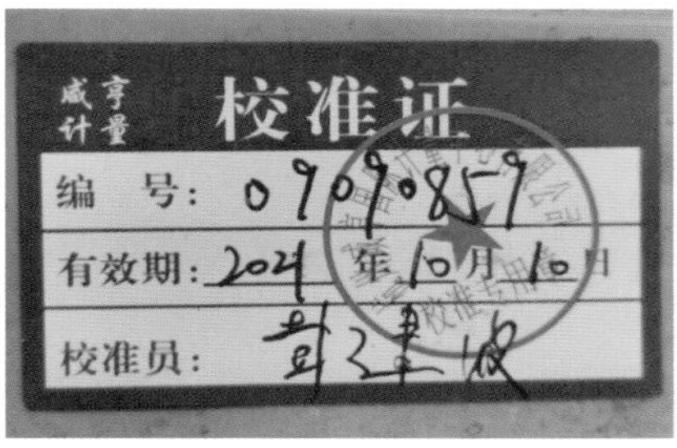

正　确　在检验周期内

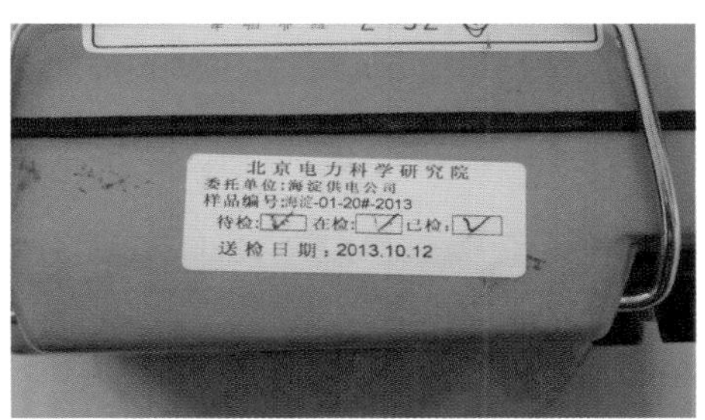

错　误　未在检验周期内

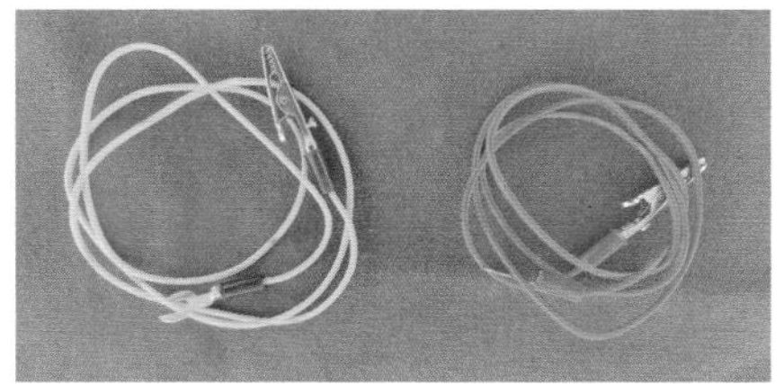

正　确　试验线外观无破损

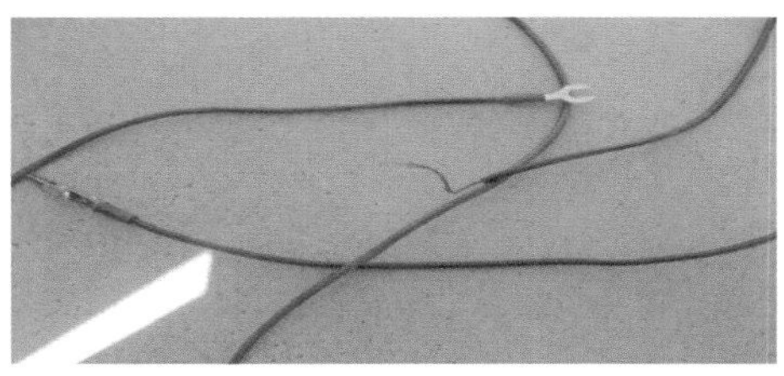

错　误　试验线外观破损

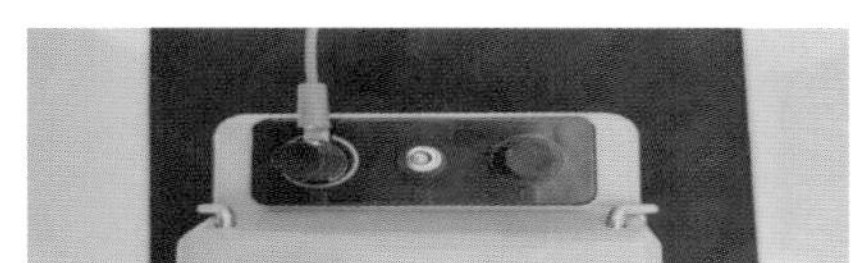

正　确　红色线接“L”

错　误　红色线接“E”

正　确　黄色线接“E”

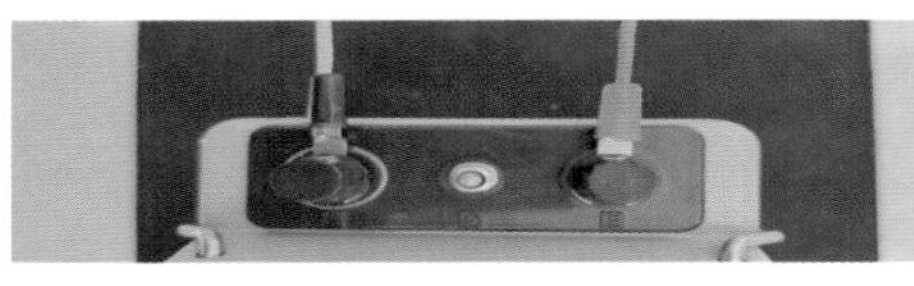

错　误　黄色线接“L”

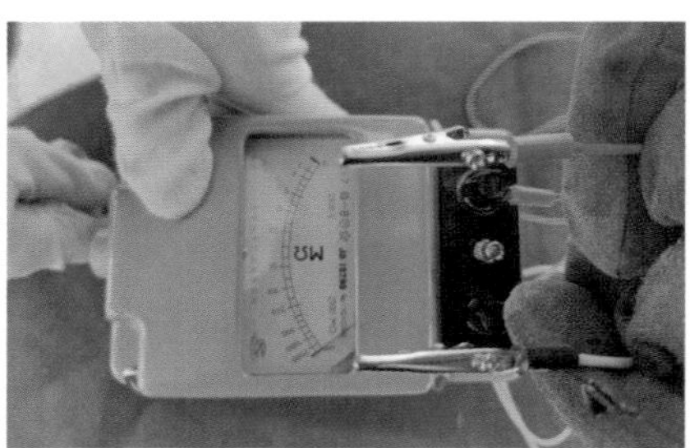

正　确　进行开路实验：将绝缘电阻表水平放置，将连接线开路，以120转/min的速度摇动摇柄。在开路实验中，指针应该指到∞处（在开路实验过程中双手不能触碰线夹的导体部分，试验完成后，相互触碰线夹放电）

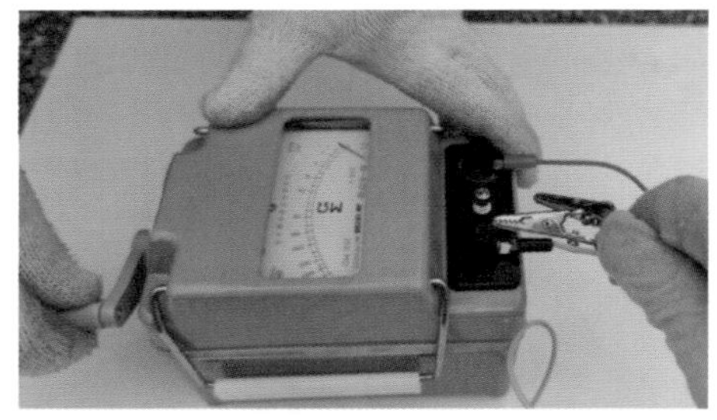

错　误　未进行开路试验“∞”

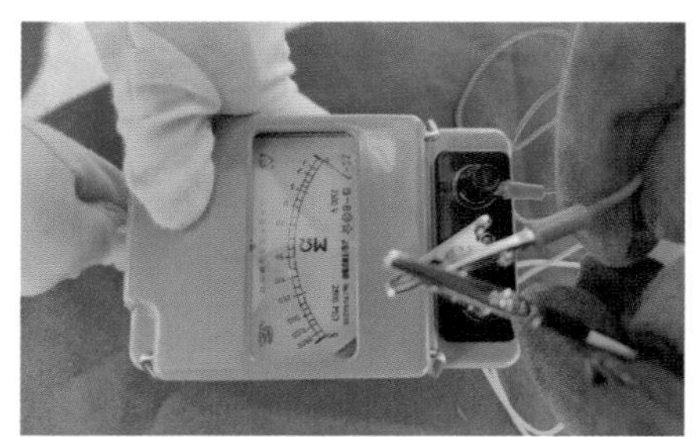

正　确　进行短路实验：以120转/min的速度摇动摇柄，使L和E两接线端子连接线瞬时短接，短路试验中，指针应迅速指零。（在短路试验中，注意在摇动手柄时不得让L和E短接时间过长，否则将损坏绝缘电阻表）

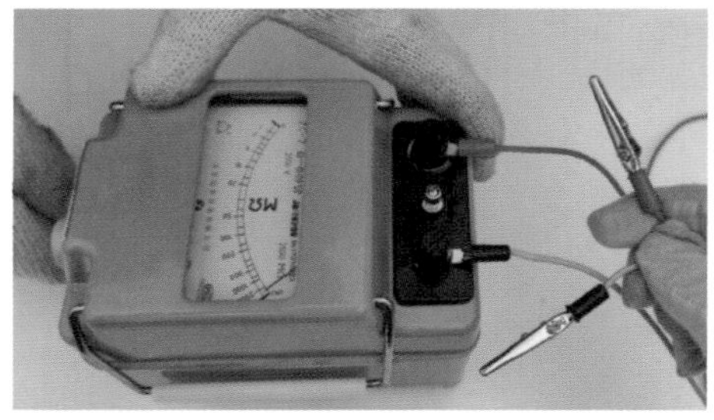

错　误　未进行短路试验归零

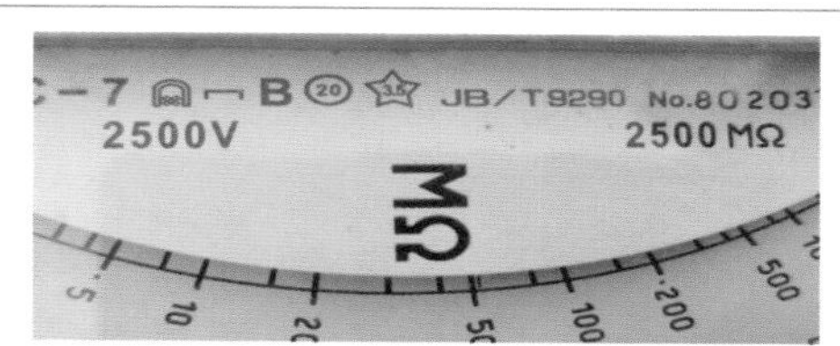

正　确　选择 2500V 及以上

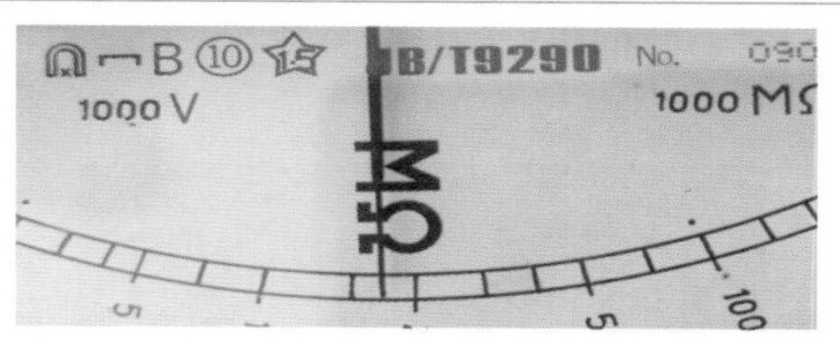

错　误　未选择 2500V 及以上

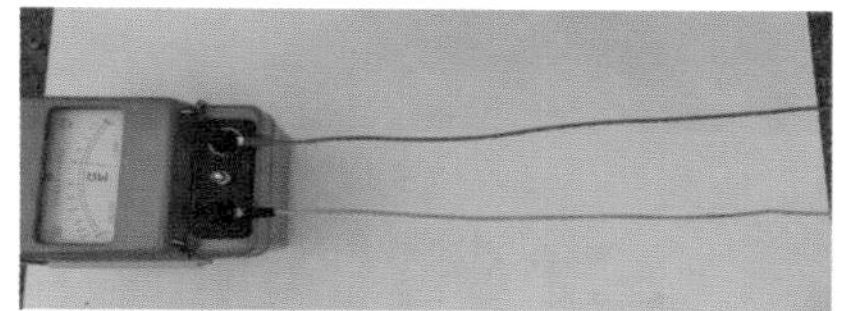

正　确　试验线不缠绕

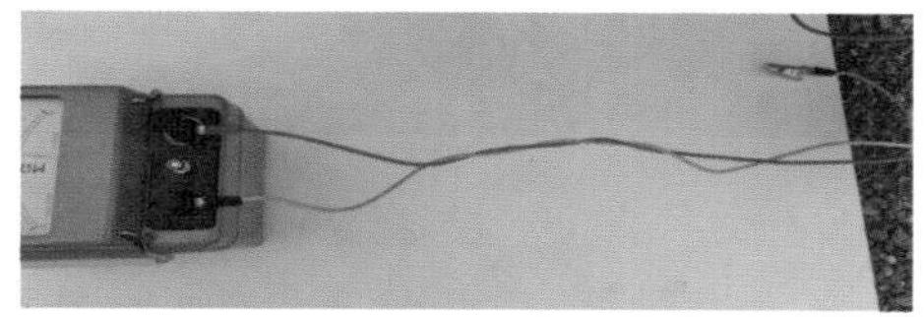

错　误　试验线缠绕

（2）铜短路线。

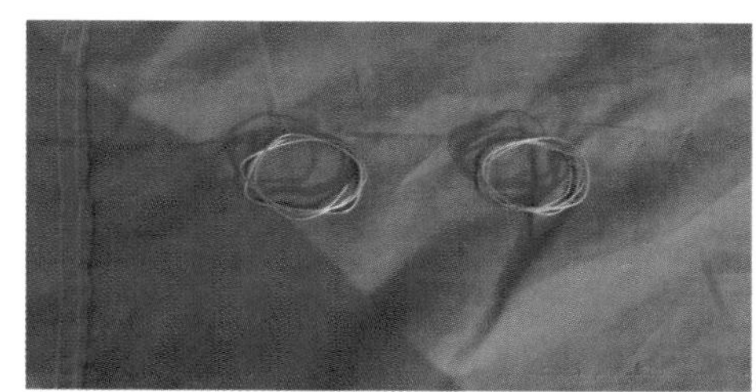

正　确　选择铜短路线，应注意材质

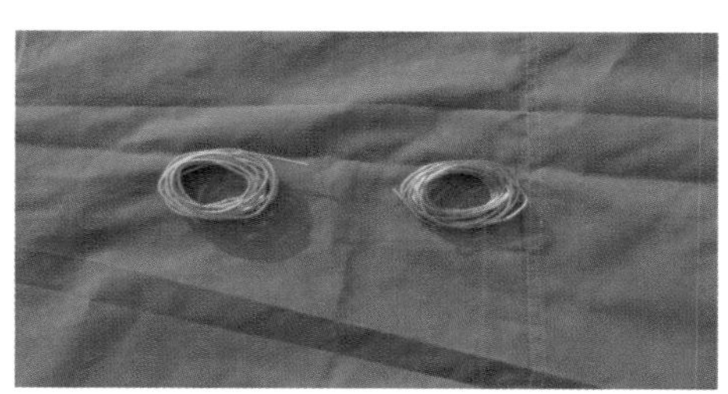

错　误　选择铝短路线，选择材质错误

（3）放电棒。

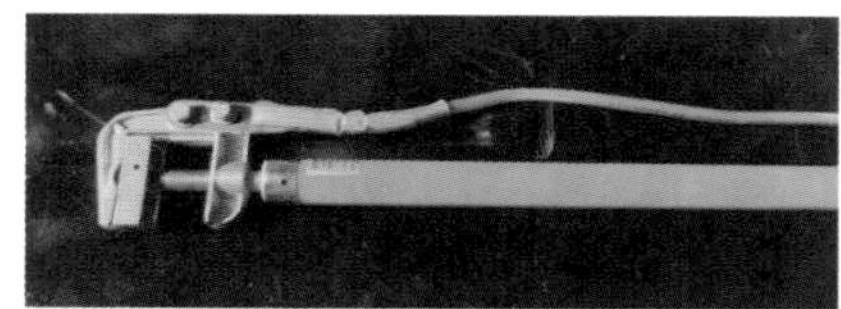

正　确　连接牢固

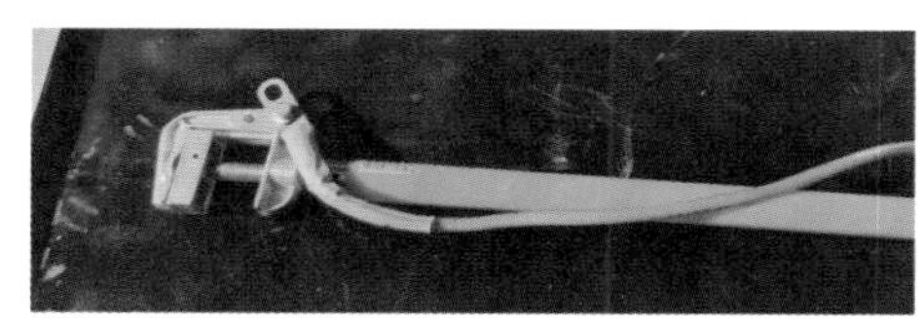

错　误　连接不牢固

（4）**清扫布。**

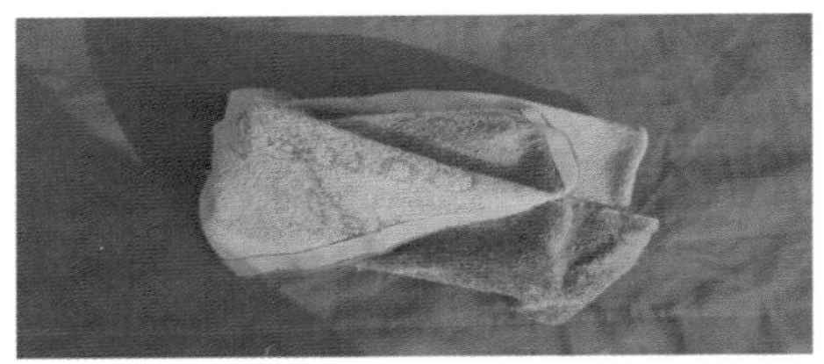

正　确 干净、无污渍　　**错　误** 脏污

（5）**扳手。**

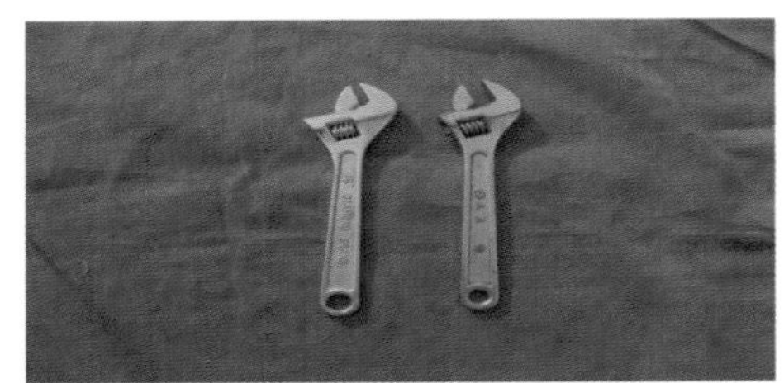

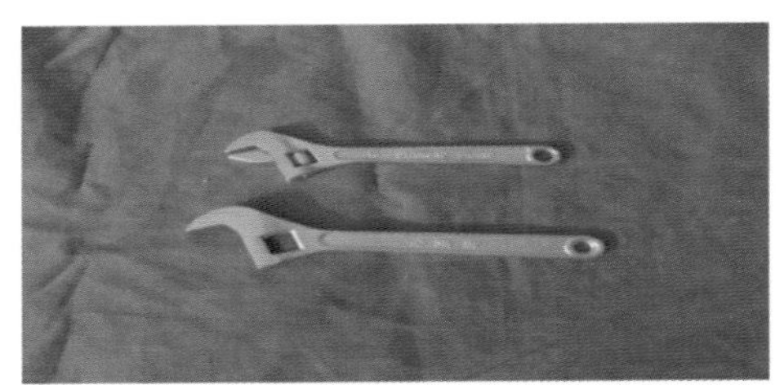

正　确 无损坏　　**错　误** 损坏

（6）**脚扣。**

具体操作步骤详见本书公共部分内容。

（7）**全方位安全带。**

具体操作步骤详见本书公共部分内容。

（8）**传递绳。**

具体操作步骤详见本书公共部分内容。

（9）**绝缘手套。**

具体操作步骤见本书项目操作 06 中的绝缘手套部分内容。

危险点及安全措施

1. 危险点描述

序号	危险点	描述
1	触电	误登带电杆塔造成人员直接触电或感应触电
		未正确使用验电器，挂接地线过程中触碰接地线或导线
2	高摔	人员失去安全保护
		脚扣打滑，人员由高处顺杆滑落
3	物品坠落	工具材料未固定好
		传递绳绑扎不牢固
4	倒杆	电杆埋深不足或裂纹严重
		拉线受力不正常

2. 安全措施

（1）针对触电采取的安全措施：

1）核对路名、色标、杆号正确无误；

2）确认工作线路已停电、验电、装设接地线悬挂标识牌；

3）如有需要穿越的线路也应停电、验电、装设接地线。

（2）针对高摔采取的安全措施：

1）登杆前对脚扣、安全带做冲击试验；

2）登杆第一步开始全程使用安全带，不得失去安全保护；

3）到达工作位置后应先系好后备保护绳；

4）登杆过程防止脚扣打滑；

5）安全带及后备保护绳不应低挂高用；

6）穿越障碍时不得失去安全保护。

（3）针对物品坠落采取的安全措施：

1）上下传递物品应使用传递绳；

2）工具、材料未挂牢前不得失去绳索保护；

3）绳扣系法正确；

4）工具材料接触地面时应轻缓。

（4）针对倒杆采取的安全措施：

1）登杆前检查电杆无横纵向裂纹，埋深满足要求；

2）检查拉线受力正常。

六 项目操作步骤

（1）登杆前检查。

具体操作步骤详见本书公共部分内容。

（2）登杆作业。

具体操作步骤详见本书公共部分内容。

（3）到达作业位置。

正 确 选择作业位置合理

错 误 作业位置过高

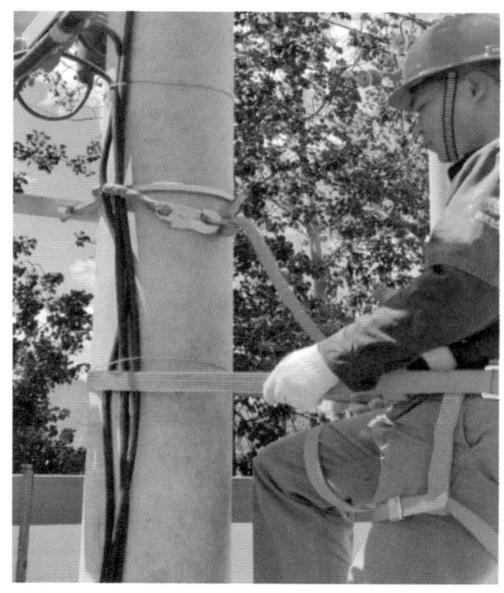

正 确 做好后备保护

错 误 未做后备保护

正 确 作业侧为承重腿且在下

错 误 作业侧承重腿在上

（4）工具传递。

正 确 工具材料使用传递绳传递

错 误 随身携带工具上杆

正 确 将传递绳固定在可靠位置

错 误 传递绳固定在身上

（5）拆除引线。

正 确 拆除变压器磁头高压、低压引线

错 误 未拆除高压连接引线

正 确 引线固定牢固

错 误 引线未固定牢固

（6）绝缘摇测。

正 确 将变压器套管表面擦拭干净

错 误 变压器套管表面未擦拭干净

正 确 绝缘电阻表安放位置合适

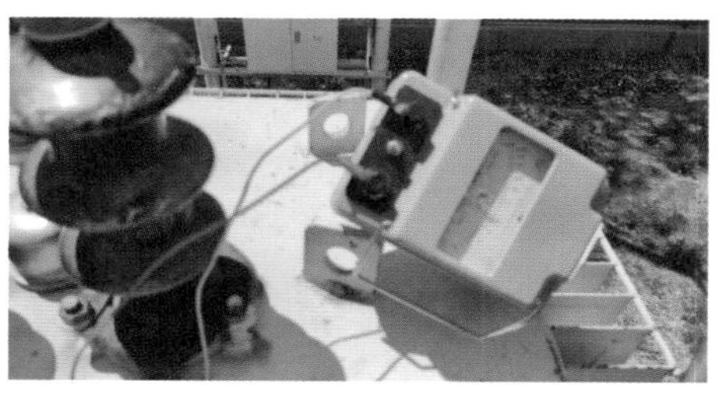

错 误 绝缘电阻表安放位置不合适

正　确　高压侧三个磁头用短接线连接

错　误　接线不正确或连接不牢固（图中红色线为接地线）

正　确　低压四个磁头用短接线连接并接地（图中红色线为接地线）

错　误　接线不正确或连接不牢固

正　确　将绝缘电阻表的“E”端接低压侧

错　误　“E”端未接低压侧

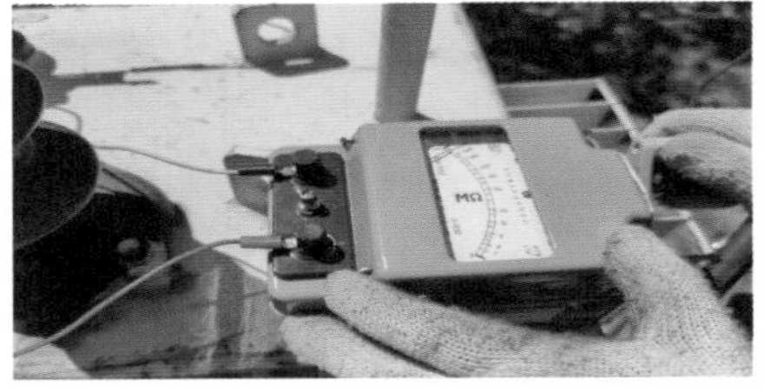

正　确　绝缘电阻表转速达到 120r/min

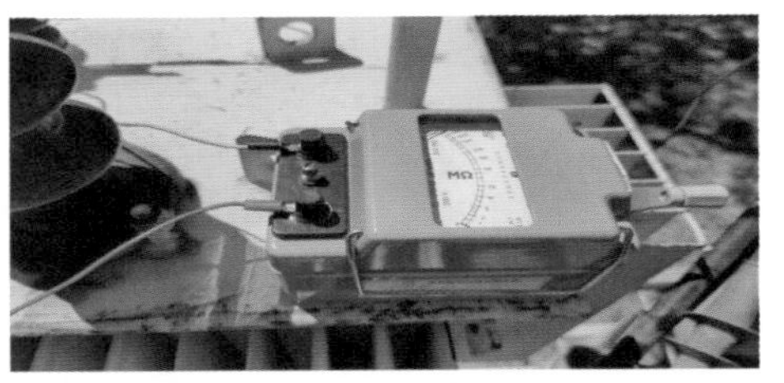

错　误　使用仪表不规范或转速不足（未摇动仪表导致转速不足）

正 确 作业人员将“L”端测试线连接在高压侧

错 误 “L”端测试线未连接在高压侧

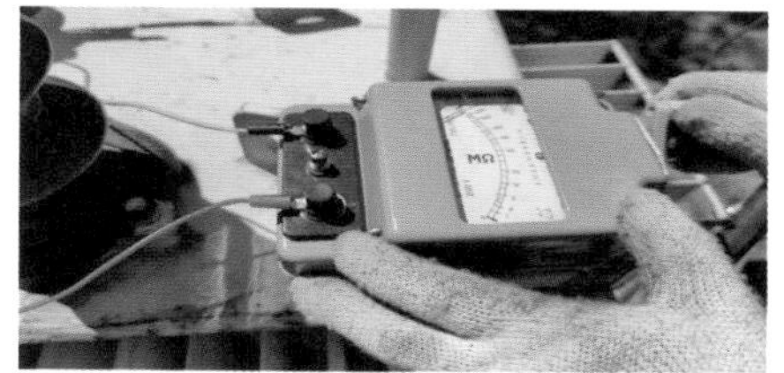

正 确 摇测过程中不得碰触测量引线

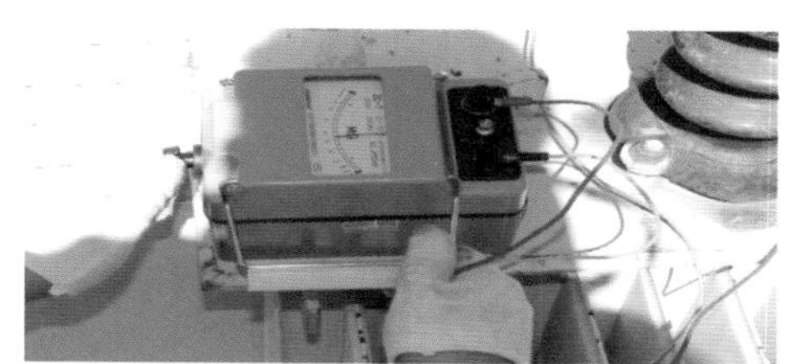

错 误 摇测过程中碰触测量引线

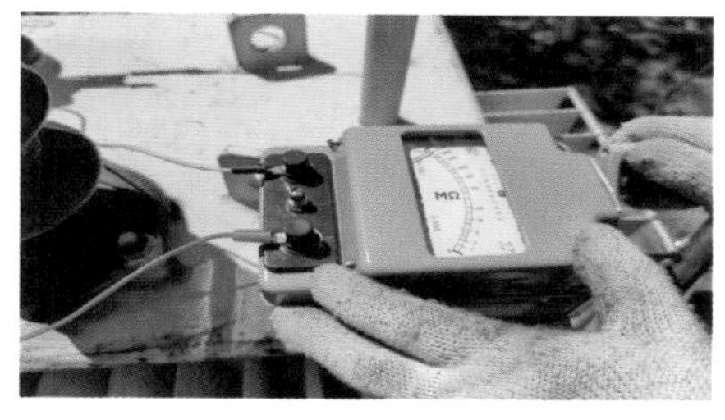

正 确 摇动绝缘电阻表 1min 读数，记录摇测电阻值

错 误 摇动绝缘电阻表未到 1min 读数（提前停摇读数）

正 确 作业人员将“L”端测试线脱离高压侧

错 误 未将“L”端测试线脱离高压侧

正 确 停止摇动手柄

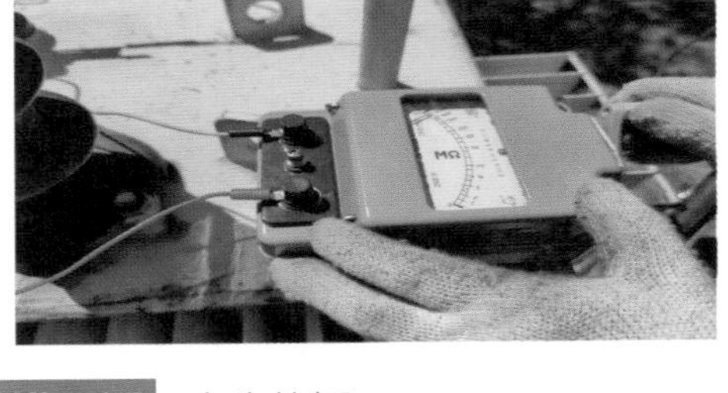

错 误 未先停摇

正 确 使用放电棒对高压侧充分放电

错 误 测量完未对变压器充分放电，放电位置不正确

正 确 高压侧三个磁头用短接线连接并接地(图中红色线为接地线）

错 误 接线不正确或连接不牢固

正 确 低压四个磁头用短接线连接

错 误 接线不正确或连接不牢固（图中红色线为接地线）

正 确 将绝缘电阻表的“E”端接高压侧

错 误 “E”端未接高压侧

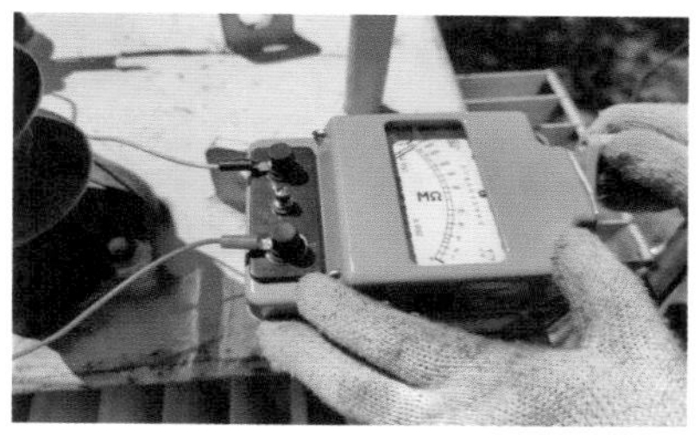

正 确 绝缘电阻表转速达到 120r/min

错 误 使用仪表不规范或绝缘电阻表转速不足（未摇动仪表导致转速不足）

正 确 作业人员将“L”端测试线连接在低压侧

错 误 “L”端测试线未连接在低压侧

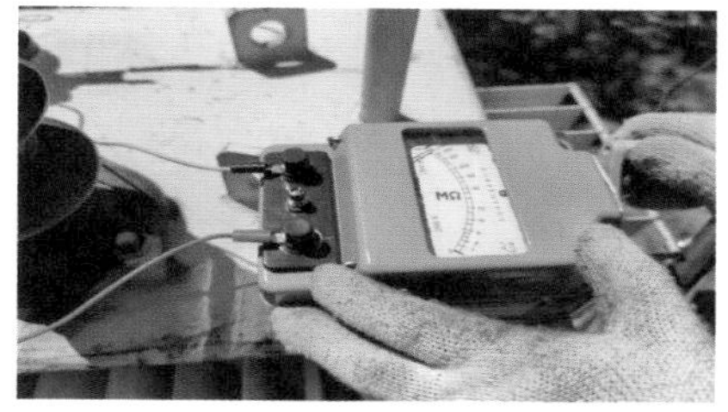

正 确 摇测过程中不得碰触测量引线

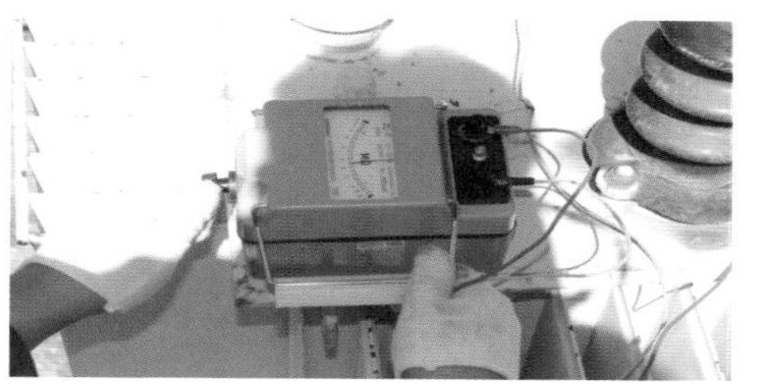

错 误 摇测过程中碰触测量引线

正 确 作业人员将“L”端测试线脱离低压侧

错 误 未将“L”端测试线脱离低压侧

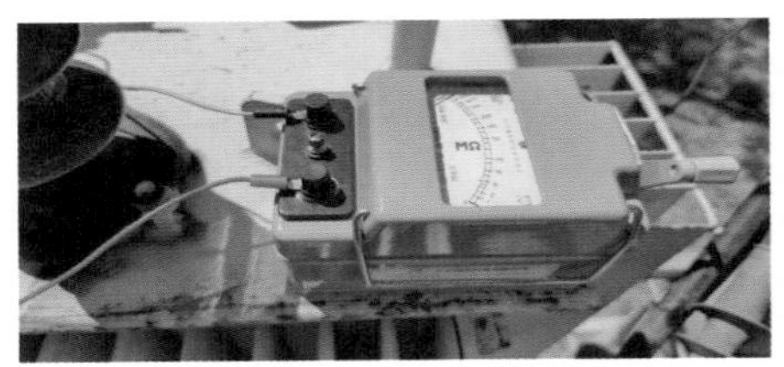

正 确 停止摇动手柄

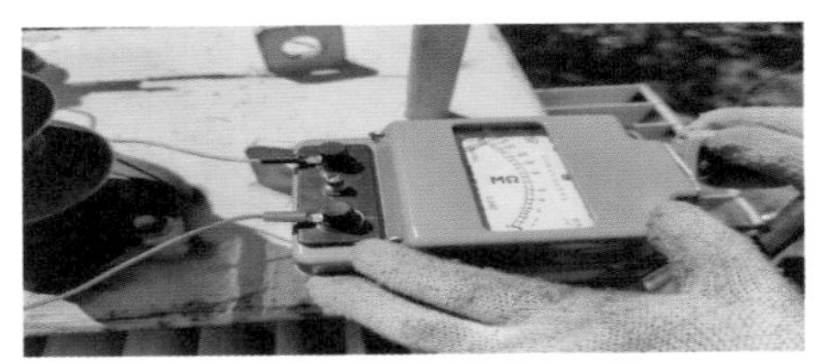

错 误 未先停摇

正 确 使用放电棒对低压侧充分放电

错 误 测量完未对变压器充分放电，放电位置不正确

正 确 拆除磁头短接线

错 误 未拆除磁头短接线

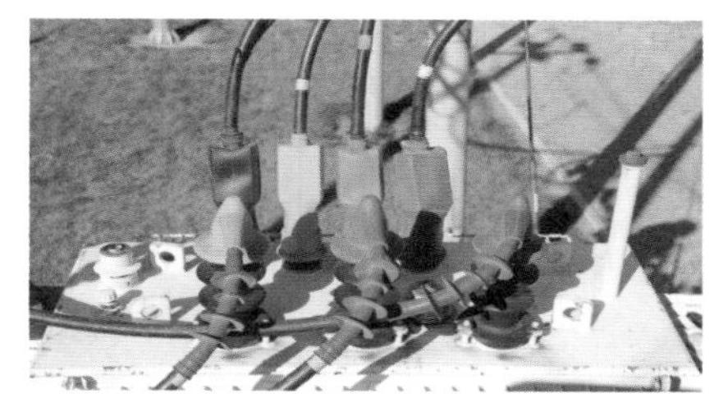

正　确　恢复变压器磁头高低压连接引线

错　误　未恢复高低压连接引线

（7）工器具传递。

正　确　工具材料传至地面

错　误　随身携带工具材料下杆

（8）回检。

正　确　调整引线的相间、对地满足安全距离

错　误　未调整引线，引线的相间、对地不满足安全距离

正 确 检查接头有无受损、变压器磁头绝缘罩恢复严密

错 误 未检查接头，接头有受损、变压器磁头绝缘罩未恢复严密

正 确 杆上无遗留工具、材料

错 误 杆上有遗留工具、材料

七 收尾工作

1. 设备复原

具体操作参考本书操作项目 01 中项目收尾工作的设备复原内容。

2. 工具复原

正 确 工具应分类放置、码放整齐，检查工具有无损坏，清点工具有无遗漏或丢失

错 误 工具没有分类放置、码放整齐，未检查工具有无损坏，未清点工具有无遗漏或丢失

3. 现场清理

正 确 场地无遗留工具，场地整洁

错 误 场地有遗留工具，场地不整洁

配电变压器的无载调压

任务描述

一台配电专用变压器，用户反映电压高，经现场测量变压器二次出口相电压为 420V，需要将出口相电压降到 400V。单人操作，通过调整变压器的分接头来调整电压。需确认柱上变压器已停电、验电、装设接地线、悬挂标示牌和装设遮拦。登杆工具应在检验周期内，使用全方位安全带。

操作时限

操作时限： 30min。

操作要点及其要求

1. 操作要点

（1）正确使用仪表。

（2）变压器分接头挡位的调整操作方法。

（3）通过测量的相关数据指导变换分接头挡位调整工作。

（4）按照任务要求完成，工作过程严格执行有关安全规程、规范。

2. 操作要求

（1）掌握变压器挡位的调整方法，在调挡前进行停电、验电、放电等相关操作。

操作过程中防范高摔，做好自身防护工作。

（2）确认柱上变压器已停电、验电、装设接地线、悬挂标示牌和装设遮拦。

四 准备工作

1. 项目场地要求

现场架设 10kV 柱上变压器一台。

2. 项目设备要求

高低压侧有封挂接地线位置。

3. 项目工具要求

（1）万用表。

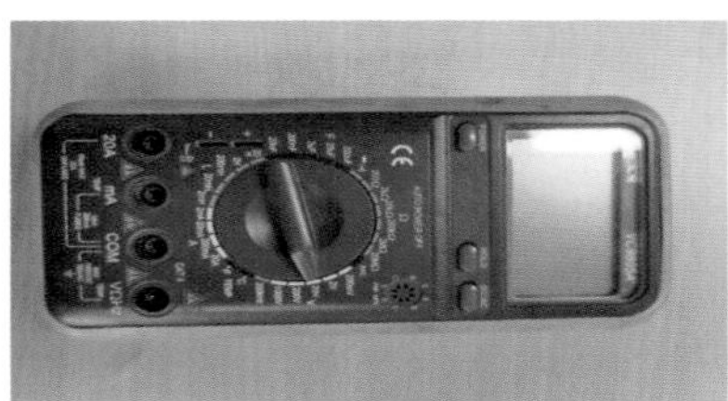

正 确 外观无破损

错 误 外观破损

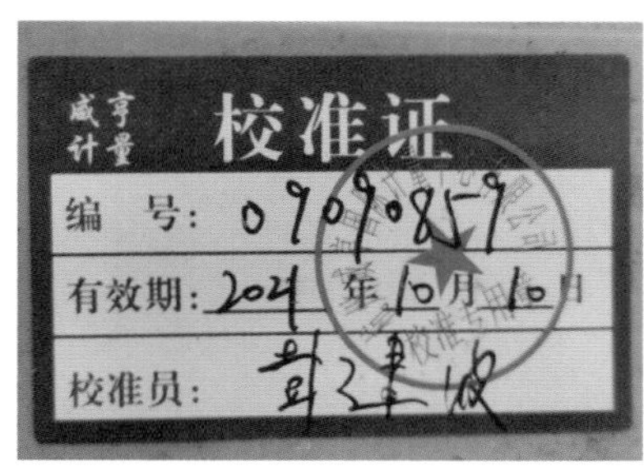

正 确 在检验周期内

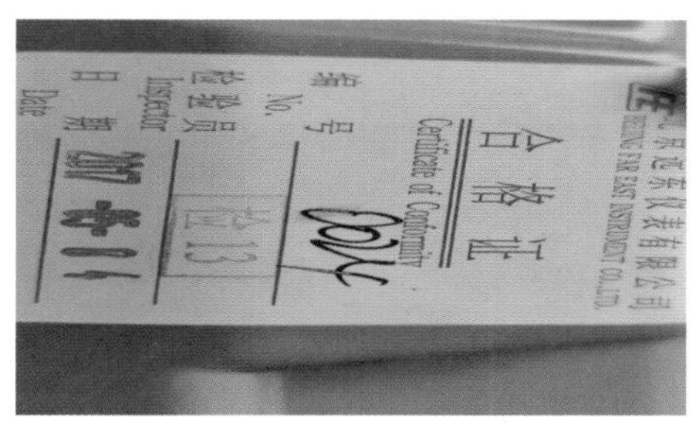

错 误 未在检验周期内

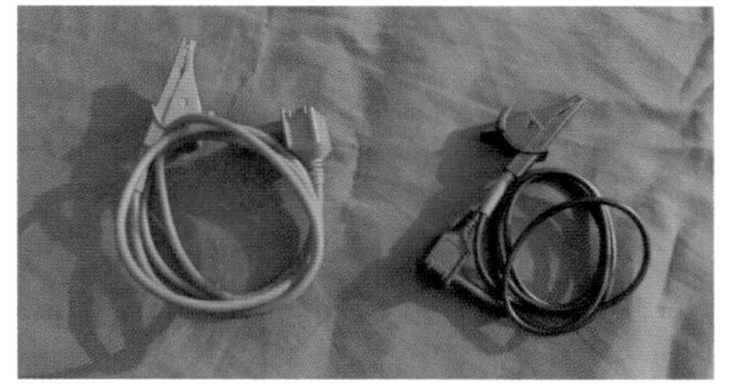

正 确 试验线外观无破损

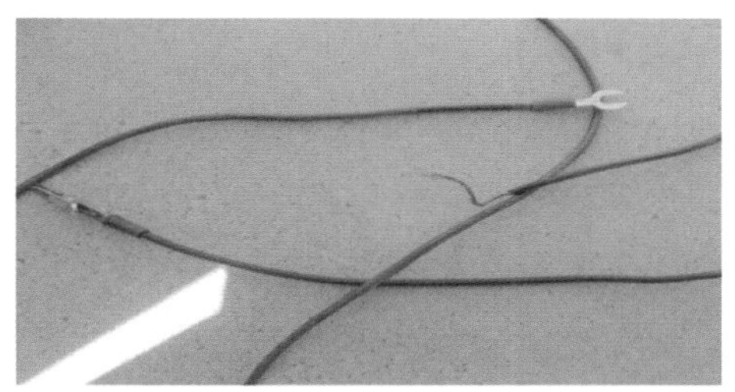

错 误 试验线外观破损

（2）停电牌。

正 确 字迹清晰

错 误 字迹不清晰

（3）放电棒。

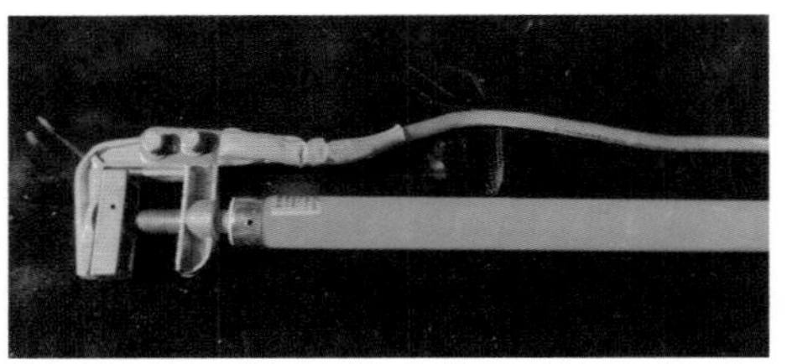

正　确　连接牢固

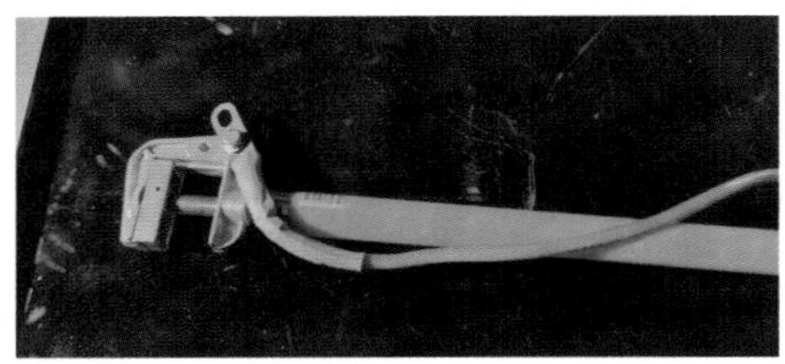

错　误　连接不牢固

（4）脚扣。

具体操作步骤详见本书公共部分内容。

（5）全方位安全带。

具体操作步骤详见本书公共部分内容。

（6）传递绳。

具体操作步骤详见本书公共部分内容。

（7）高压验电器。

具体操作步骤详见本书操作项目 08 中项目工具要求的高压验电器的内容。

（8）低压验电器。

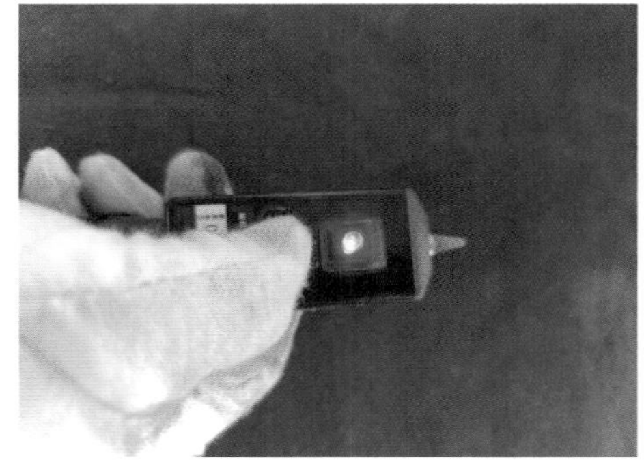

正　确　验电器自检时声光显示器正常

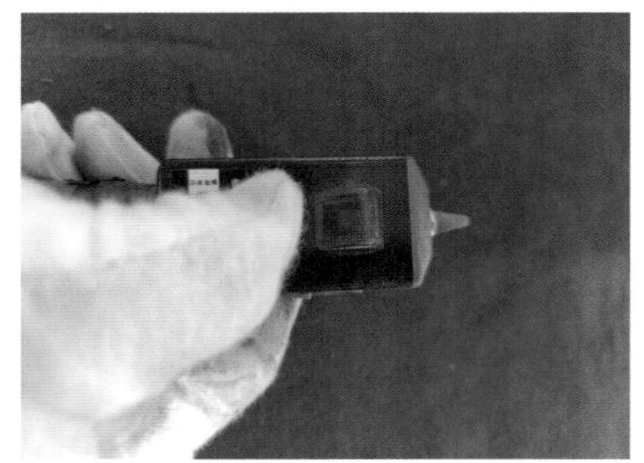

错　误　验电器自检时声光显示器不正常

（9）绝缘手套。

具体操作步骤详见本书操作项目 06 中绝缘手套相关内容。

（10）高压、低压接地线。

具体操作步骤详见本书操作项目 08 中项目工具要求的高压、低压接地线的内容。

（11）绝缘操作杆。

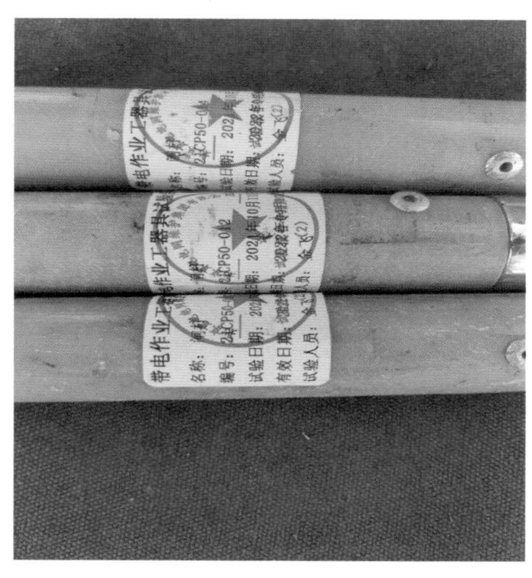

正　确 在检验合格周期内

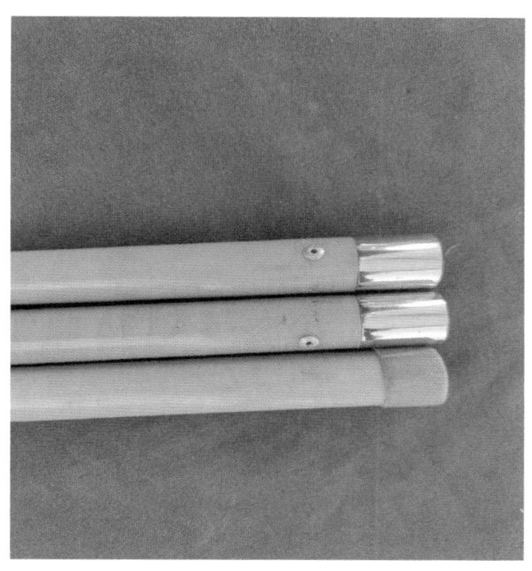

错　误 不在检验合格周期内或没有检验合格证

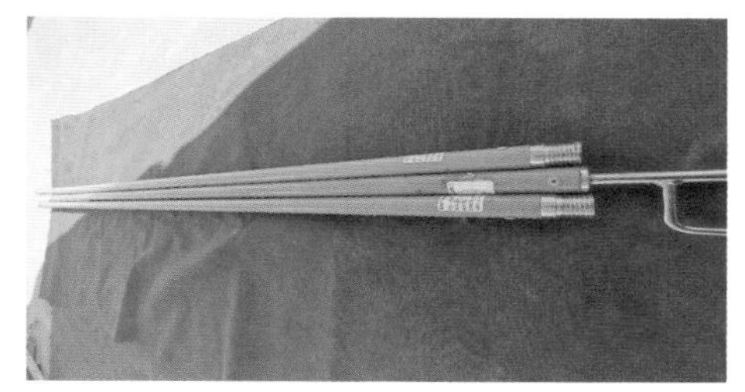

正　确 外观无破损

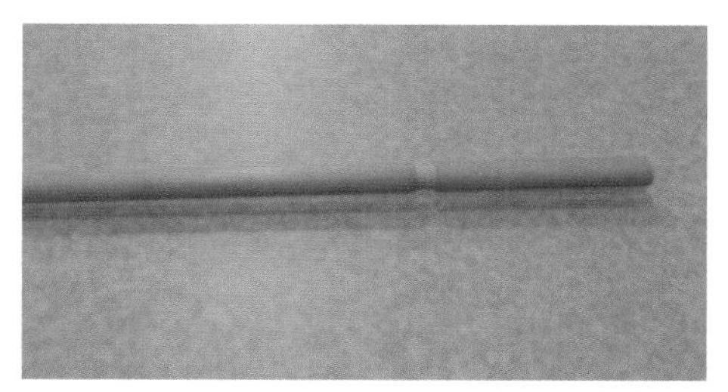

错　误 外观破损

（12）手锤。

具体操作步骤详见本书操作项目 08 中项目工具要求的手锤内容。

五 危险点及安全措施

1. 危险点描述

序号	危险点	描述
1	触电	误登带电杆塔造成人员直接触电或感应触电
		未正确使用验电器，挂接地线过程中触碰接地线或导线
2	高摔	人员失去安全保护
		脚扣打滑，人员由高处顺杆滑落
3	物品坠落	工具材料未固定好
		传递绳绑扎不牢固
4	倒杆	电杆埋深不足或裂纹严重
		拉线受力不正常

2. 安全措施

（1）针对触电采取的安全措施：

1）核对路名、色标、杆号正确无误；

2）确认工作线路已停电、验电、装设接地线悬挂标识牌；

3）如有需要穿越的线路也应停电、验电、装设接地线。

（2）针对高摔采取的安全措施：

1）登杆前对脚扣、安全带做冲击试验；

2）登杆第一步开始全程使用安全带，不得失去安全保护；

3）到达工作位置后应先系好后备保护绳；

4）登杆过程防止脚扣打滑；

5）安全带及后备保护绳不应低挂高用；

6）穿越障碍时不得失去安全保护。

（3）针对物品坠落采取的安全措施：

1）上下传递物品应使用传递绳；

2）工具、材料未挂牢前不得失去绳索保护；

3）绳扣系法正确；

4）工具材料接触地面时应轻缓。

（4）针对倒杆采取的安全措施：

1）登杆前检查电杆无横纵向裂纹，埋深满足要求；

2）检查拉线受力正常。

六 项目操作步骤

（1）用万用表正确测量变压器二次电压并做好记录。

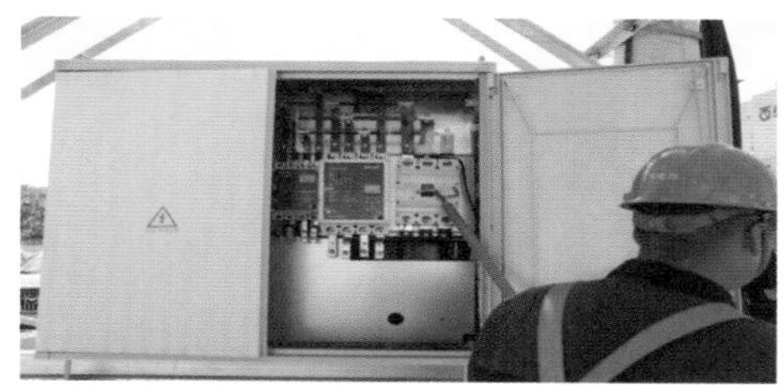

正 确 使用绝缘操作杆断开变压器低压负荷

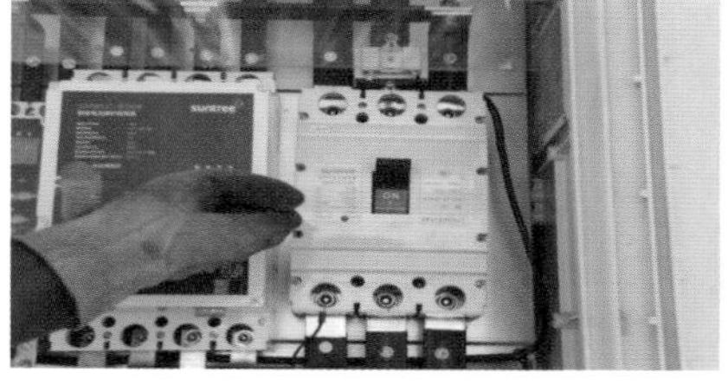

错 误 未断开低压负荷而直接进行测量

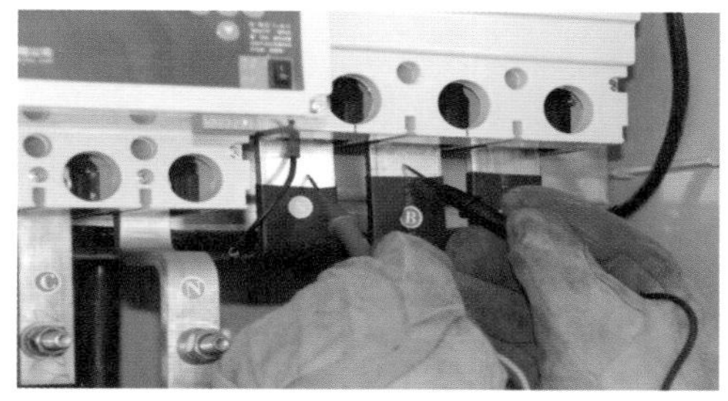

正 确 用万用表逐相测量低压出口线电压，包括 U_{ab}、U_{bc}、U_{ac}，将测量结果在现场检测记录表中进行记录

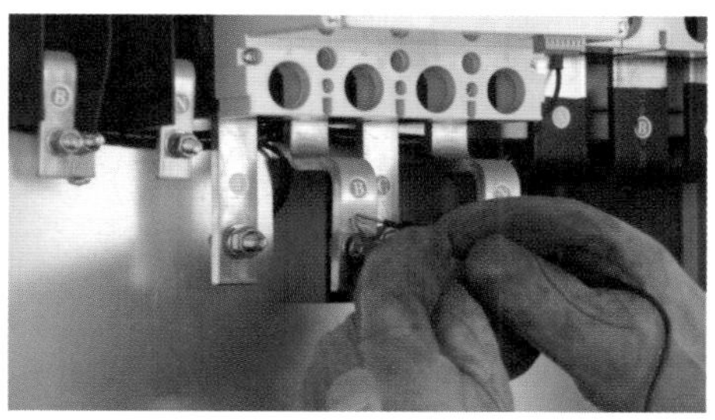

错 误 万用表使用不正确，导致测量结果不正确

（2）**登杆前检查。**

具体操作步骤详见本书公共部分内容。

（3）**登杆作业。**

具体操作步骤详见本书公共部分内容。

（4）**将变压器停电，并做好安全措施。**

正　确　戴绝缘手套操作绝缘操作杆拉开高压侧跌落熔断器

错　误　未佩戴绝缘手套进行操作

正　确　应先拉开中相，再拉开边相

错　误　熔断器三相操作顺序不对，未先拉开中相

正　确　使用绝缘操作杆悬挂停电标示牌

错　误　未悬挂停电标示牌

正　确　设置接地线接地极埋深不小于0.6m

错　误　接地极埋深小于 0.6m

正　确　使用手锤时不得戴手套

错　误　使用手锤时戴手套

正　确　检查高、低压验电器

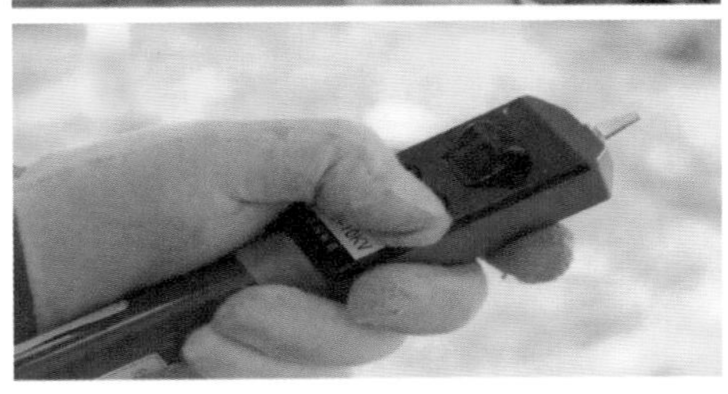

错　误　验电器自检方法不正确

正　确　用低压验电器对变压器低压侧出线设备进行验电

错　误　验电器电压等级选择不正确

正　确　验电、挂接地线应戴绝缘手套

错　误　验电、挂接地线未戴绝缘手套

正 确 接地线不得碰触身体

错 误 接地线碰触身体

正 确 在低压出线侧挂接地线

错 误 低压侧未挂接地线

正 确 用高压验电器在支柱雷处进行验电

错 误 验电点不正确

正 确 在变压器高压侧挂接地线

错 误 高压侧未挂接地线

（5）确认安全措施。

正 确 现场核对变压器和杆塔名称无误

错 误 变压器位号、杆号不一致

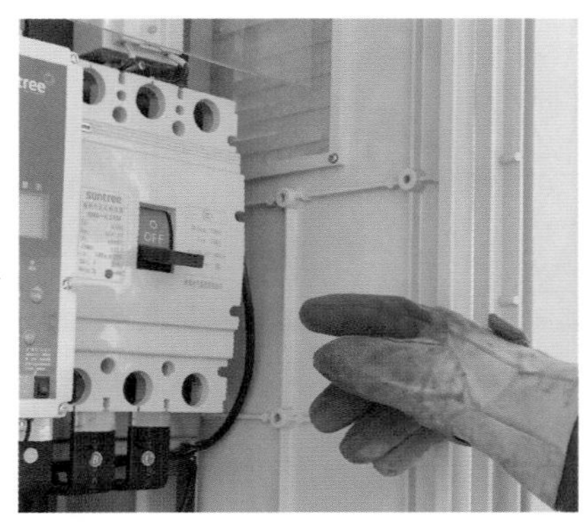

正 确 检查应断开的断路器和隔离开关位置

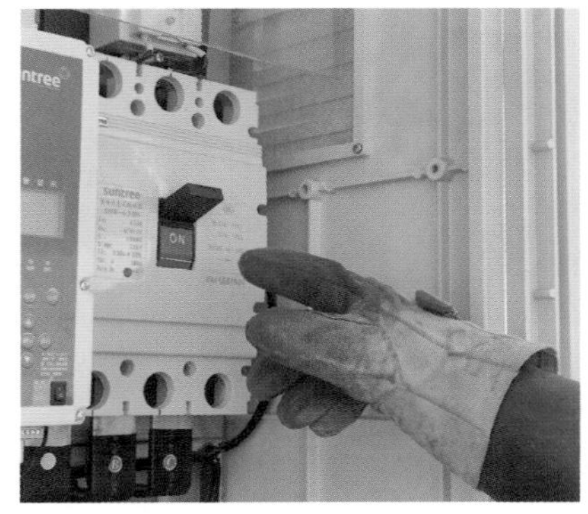

错 误 断路器和隔离开关未处于断开位置

正 确 应装接地线无问题

错 误 高、低压侧未挂接地线

正 确 应设围栏、应挂标示牌等措施无问题

错 误 未挂设正确的“在此工作”标示牌，跌落式保险器未悬挂“禁止合闸”标示牌

（6）到达作业位置。

正 确 选择作业位置合理

错 误 作业位置不合理

正 确 做好后备保护

错 误 未做后备保护

正　确　作业侧为承重腿且在下

错　误　作业侧承重腿在上

（7）工具传递。

正　确　工具材料使用传递绳传递

错　误　使用工具背在身上

正 确 将传递绳固定在可靠位置

错 误 传递绳固定在身上

正 确 先固定工具再解开传递绳

错 误 未固定工具先解开传递绳

（8）调整分接头操作。

正　确　拆除变压器高低压侧引线

错　误　未拆除变压器高低压侧引线

正　确　取下分接开关防雨罩

错　误　未取下分接开关防雨罩

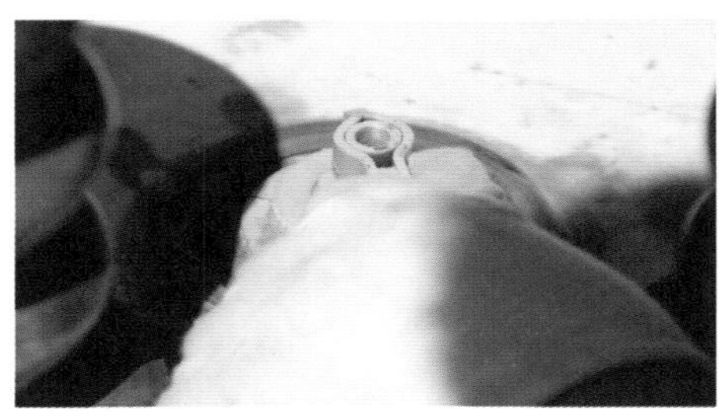

正　确　确认现在位置，确定需要调压的位置（根据测量的变压器二次出口电压和分接头现挡位确定需要将分接头挡位调整到的位置）

错　误　未确认现在位置，不能确定需要调压的位置

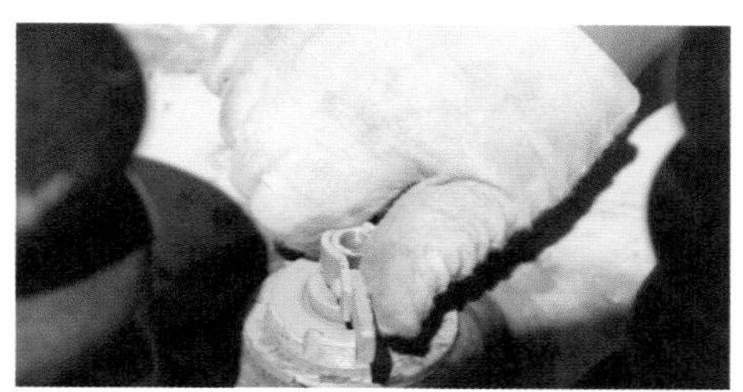

正　确 根据二次电压测量结果，拉开调压开关固定手柄，按顺时针和逆时针方向反复旋转分接开关数次，以消除氧化膜

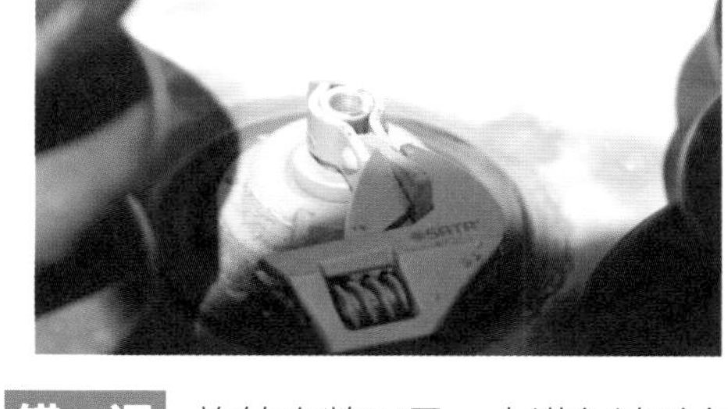

错　误 旋转次数不足，未进行消除氧化膜；分接开关把手卡滞时，严禁用扳手等工具转动分接开关把手

正　确 将挡位固定在需要调整的位置（电压过高，需要向上调整一挡）

错　误 未根据需求调整合适挡位

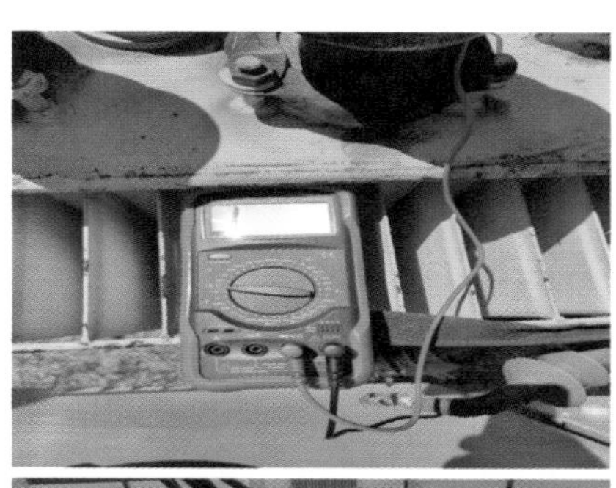

正　确 用万用表分别测量各相导通情况，在测量下一相时应先进行设备放电、校对仪表

错　误 使用万用表不正确；在测量下一相时未对设备放电；未校对仪表

正　确　检查并锁紧分接开关

错　误　未锁紧分接开关

正　确　盖好并拧紧防雨罩

错　误　未盖好防雨罩

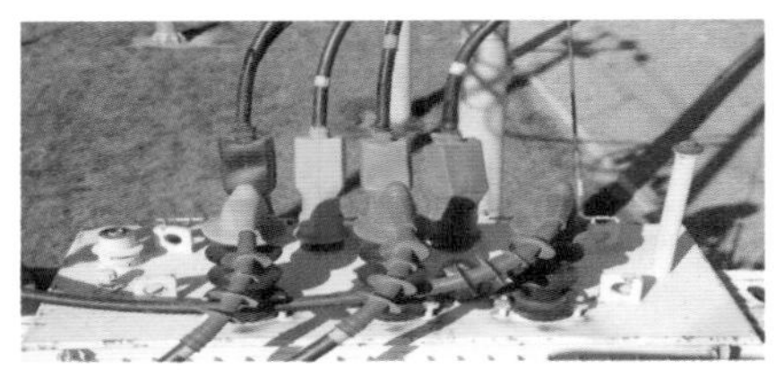

正　确　恢复高低压侧引线的连接

错　误　未恢复高低压侧引线的连接

（9）工器具传递。

正　确　工具材料传至地面

错　误　随身携带工具材料下杆

（10）回检。

正 确 调整引线的相间、对地满足安全距离

错 误 未调整引线，引线的相间、对地不满足安全距离

正 确 检查接头有无受损、变压器磁头绝缘罩恢复严密

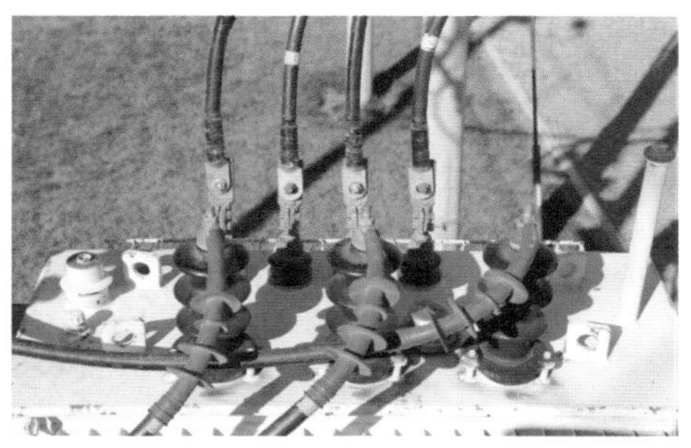

错 误 未检查接头，接头有受损、变压器磁头绝缘罩未恢复严密

正 确 杆上无遗留工具、材料

错 误 杆上有遗留工具、材料

七 项目收尾工作

1. 设备复原

（1）拆除接地线。

正 确 应拆除的接地线已全部拆除

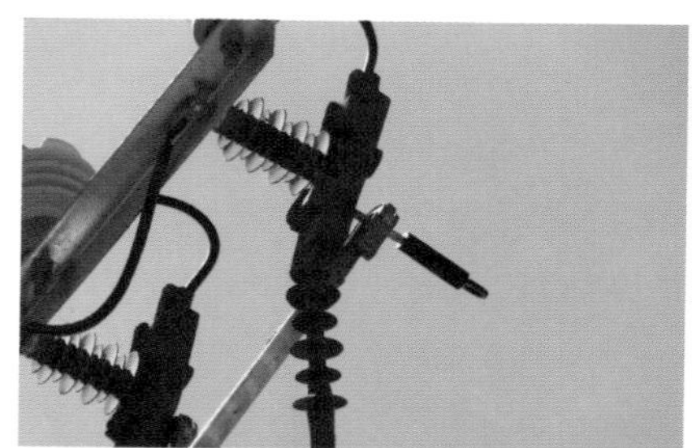

错 误 应拆除的接地线未全部拆除

（2）标识牌。

正 确 应拆除的标识牌已拆除

错 误 应拆除的标识牌未拆除

（3）送电。

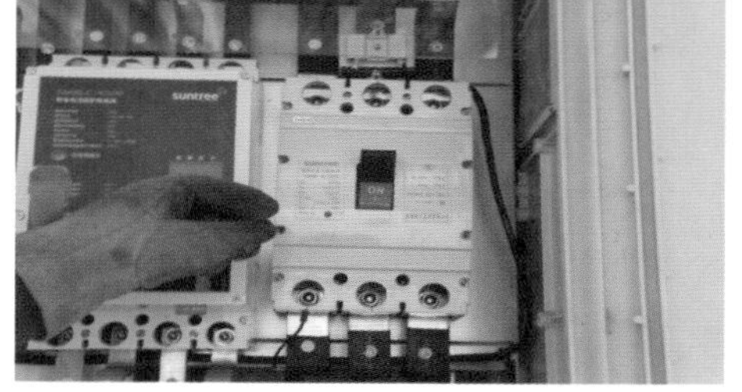

正 确 拉开的熔断器、隔离开关已合上

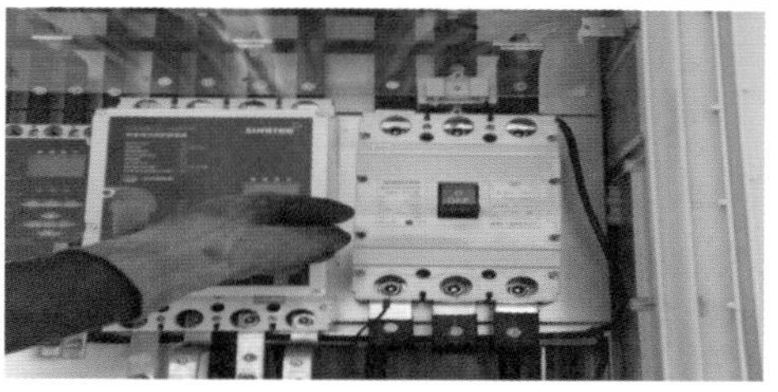

错 误 拉开的熔断器、隔离开关未合上

2. 工具复原

正 确 工具应分类放置、码放整齐，检查工具有无损坏，清点工具有无遗漏或丢失

错 误 工具没有分类放置、码放整齐，未检查工具有无损坏，未清点工具有无遗漏或丢失

3. 现场清理

正 确 场地无遗留工具，场地整洁

错 误 场地有遗留工具，场地不整洁

用接地电阻表测量土壤电阻率

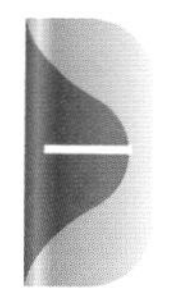

任务描述

用接地电阻表测量场地内指定区域的土壤电阻率。

（1）正确选用仪表，确保接线正确，测量数值准确。

（2）该工作任务由 1 人独立完成。

操作时限

操作时限： 30min。

操作要点及其要求

1. 操作要点

（1）工器具、仪表的检查。

（2）仪表的接线和使用。

（3）土壤电阻率的计算。

2. 操作要求

（1）正确检查仪表，接线熟练正确；

（2）合理调整仪表测量倍率；

（3）正确计算测量区域电阻率。

四 准备工作

1. 项目场地要求

测量区域满足引线及探针敷设要求。

2. 项目设备要求

无。

3. 项目工具要求

（1）接地电阻表。

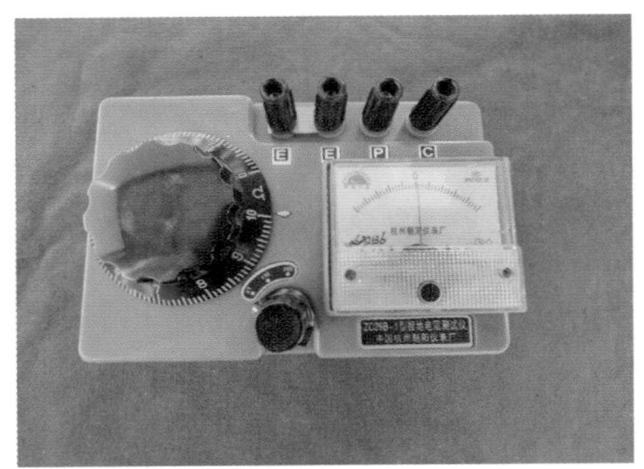

正 确 外观无破损

错 误 外观破损

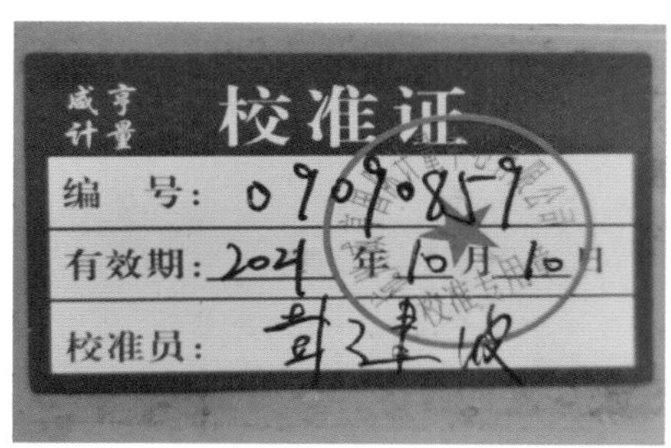

正 确 在检验周期内

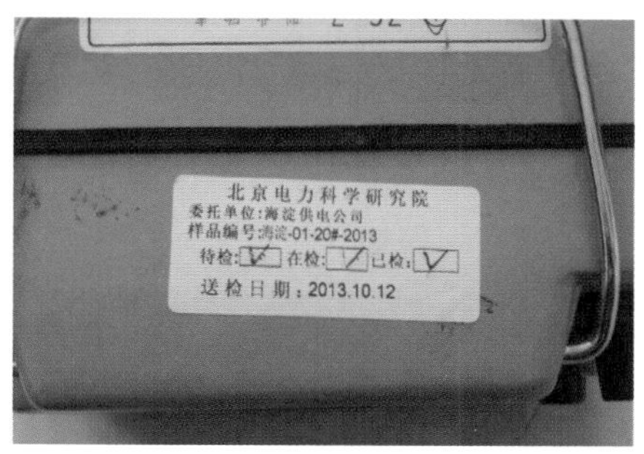

错 误 未在检验周期内

正 确 引线外观无破损

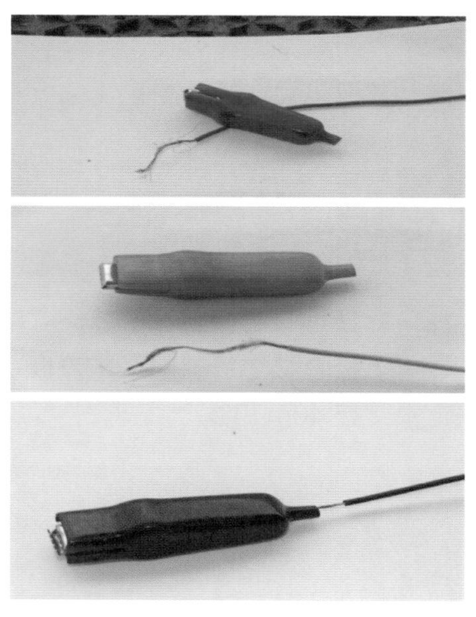

错 误 引线外观破损

正 确 仪表静态调零

错 误 仪表静态未调零

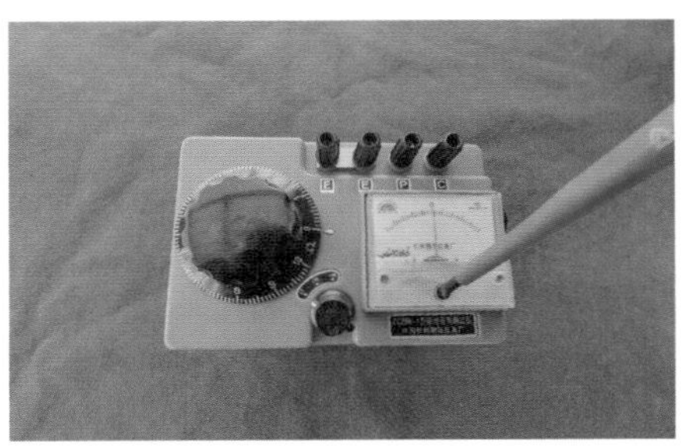

正　确　仪表动态调零

错　误　仪表动态未调零

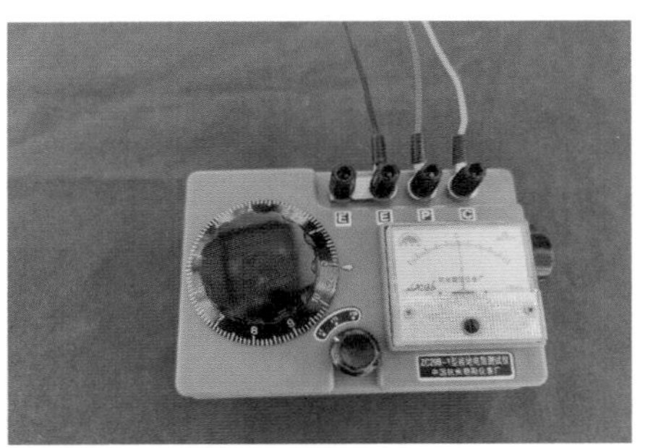

正　确　接地极 E 接 5m 引线，电位极 P 接 20m 引线，电流极 C 接 40m 引线

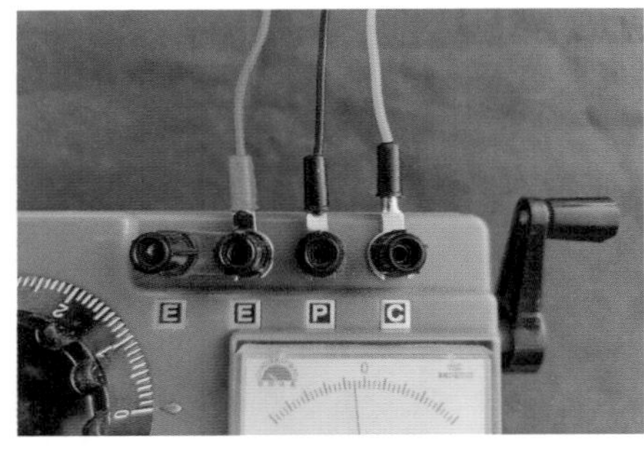

错　误　表计接线不正确

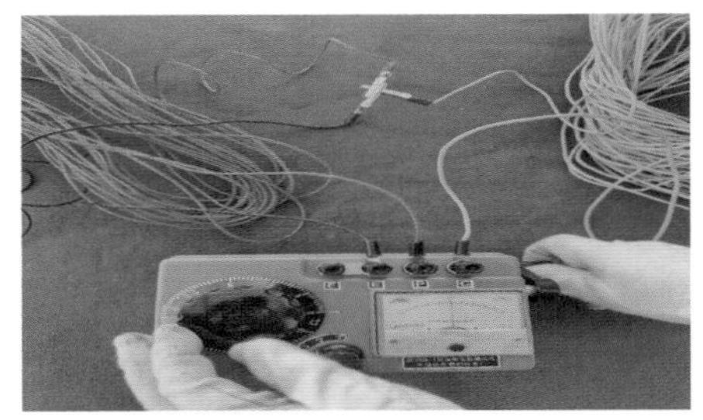

正　确　短路试验：将仪表的三条引线（E、P、C）短接，倍率档置于任意位置，刻度盘置于中间位置，慢摇摇把，表盘指针不指向“0”位，当刻度盘趋于“0”位时，表盘指针指向“0”位；此时使转速达到 120r/min，指针稳定不动，短路试验合格

错　误　短路试验不合格

（2）皮尺。

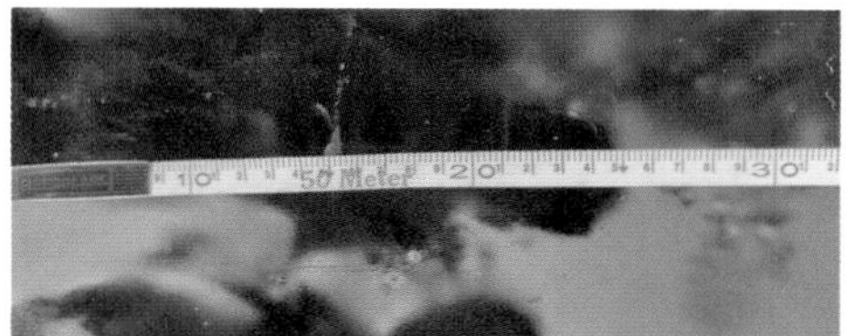

正 确 刻度清晰

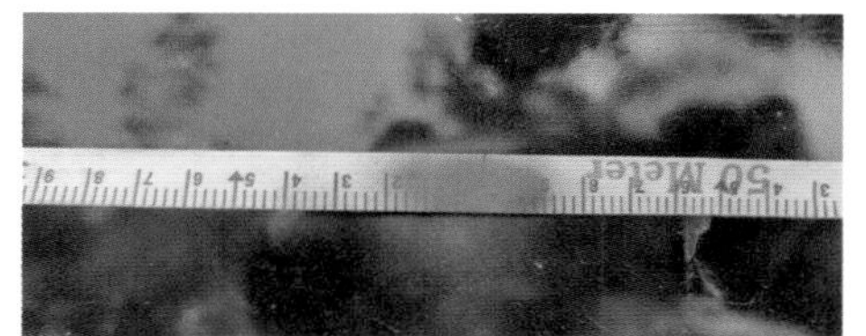

错 误 刻度不清晰

（3）手锤。

正 确 锤头与锤柄连接牢固

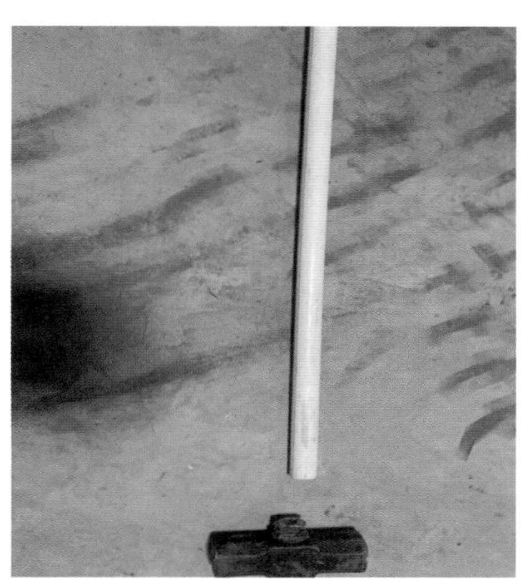

错 误 锤头与锤柄连接不牢固

（4）探针。

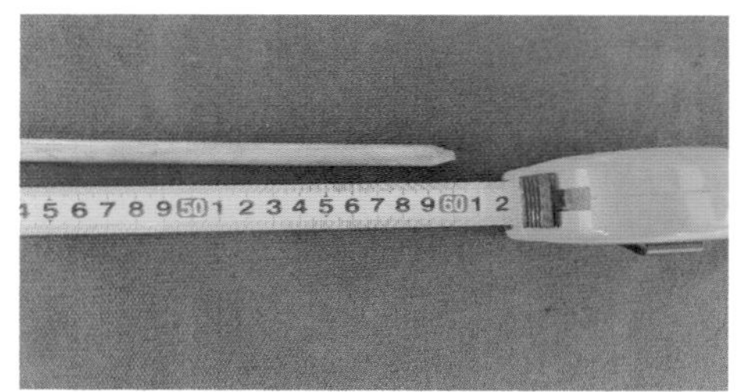

正 确 长度满足使用要求

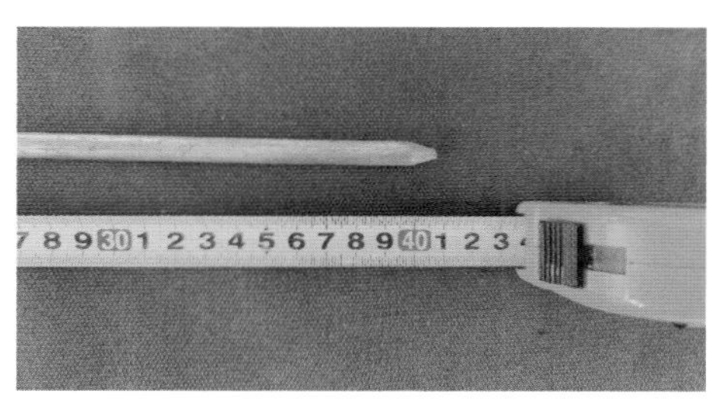

错 误 长度不满足使用要求

危险点及安全措施

1. 危险点描述

序号	危险点	描述
1	触电	在摇测接地电阻时，碰触裸露带电部位
2	砸伤、扎伤	（1）使用手锤时砸伤； （2）使用探针时扎伤

2. 安全措施

（1）针对触电采取的安全措施：在摇测接地电阻时，禁止碰触接线端子。

（2）针对扎伤、砸伤的安全措施：

1）使用手锤时摘掉手套并确认前方无人；

2）在运送及使用探针时随时观察周围情况。

六 项目操作步骤

（1）表计接线。

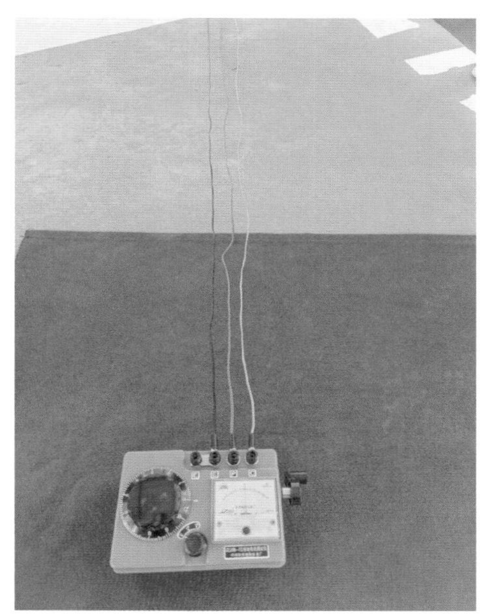

正　确 两根探针与表计应在一条直线上

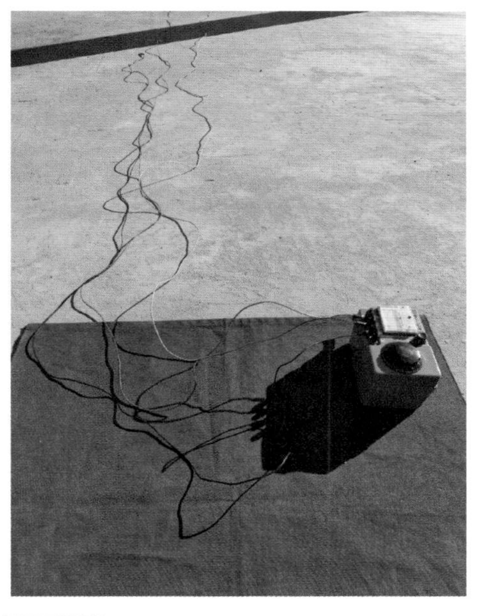

错　误 两根探针与表计布置不在一条直线上

正　确 探针相隔 20m

错　误 探针相隔不足 20m

正　确　探针打入地下≥ 0.5m

错　误　探针深度不满足规定

正　确　使用手锤时不得戴手套

错　误　使用手锤时戴手套

正 确 引线与探针、仪表端钮连接牢固

错 误 连接引线与接地探针、仪表端子连接脱落

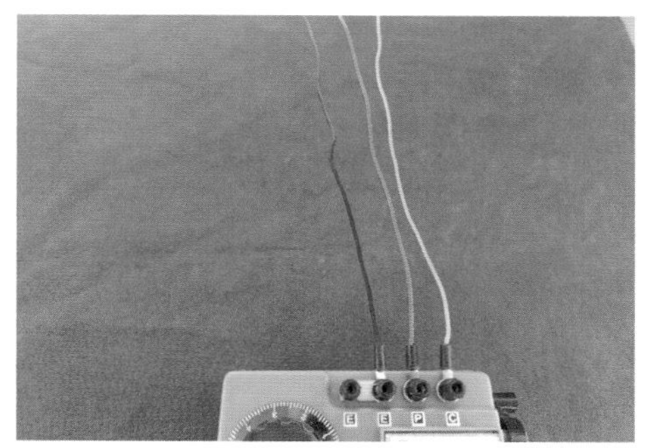

正 确 引线不得相互纽绞

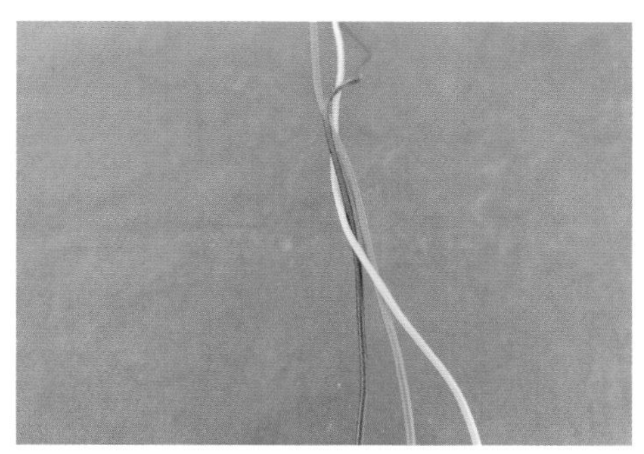

错 误 同侧电流、电压检测端子连接线在布线过程中发生相互扭绞

（2）测量与计算。

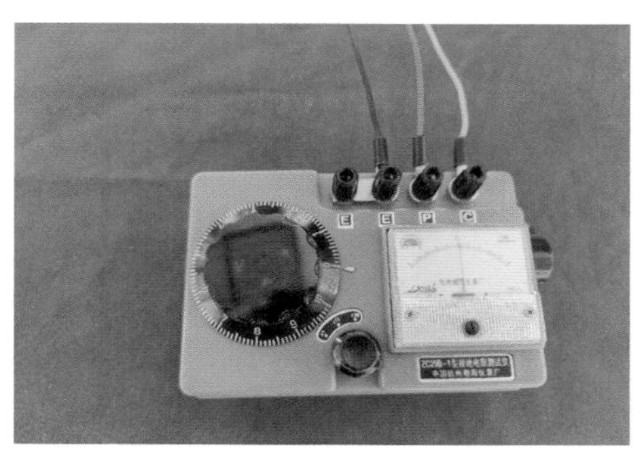

正 确 仪表摆放在平整干燥的地方

错 误 仪表摆放不稳、歪斜

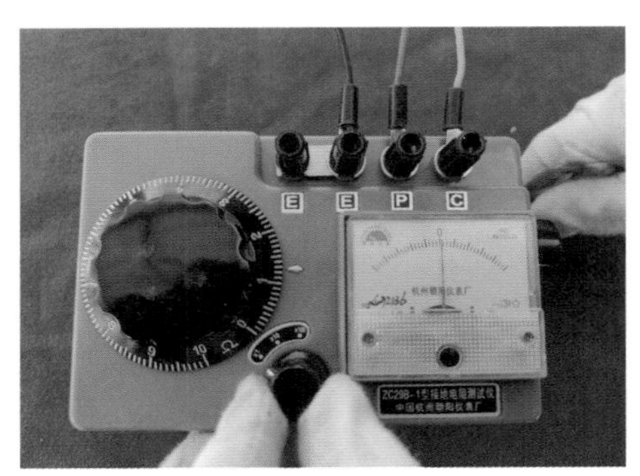

正　确　将倍率档置于最大位置，慢摇摇把，同时旋转刻度盘，直至指针指向“0”位，如此时刻度盘读数大于1，则加快摇把转速，使其达到120r/min。如此时刻度盘读数小于1，应将倍率放在较小一档，然后重新进行测量

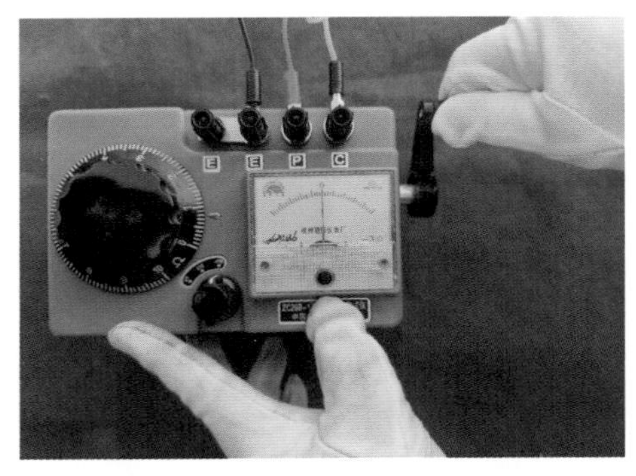

错　误　倍率选择错误，造成测量出现数据误差

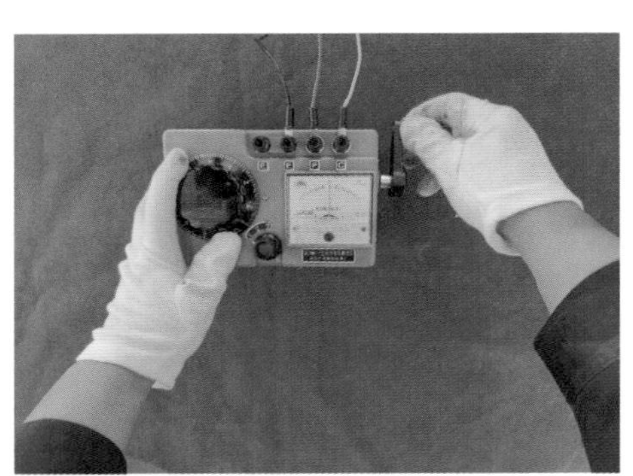

正　确　待指针稳定指向“0”位，使转速达到120r/min后读取数值并乘以倍率，建议摇测3次取平均值

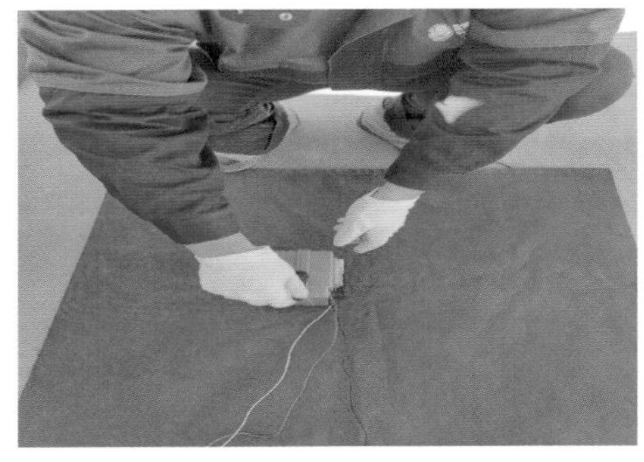

错　误　摇表转速不符合标准，读取表示数时摇表工作小于1min，在观察表示数时，眼睛与表中心线及地面不在垂直线上，造成的测量数据偏差

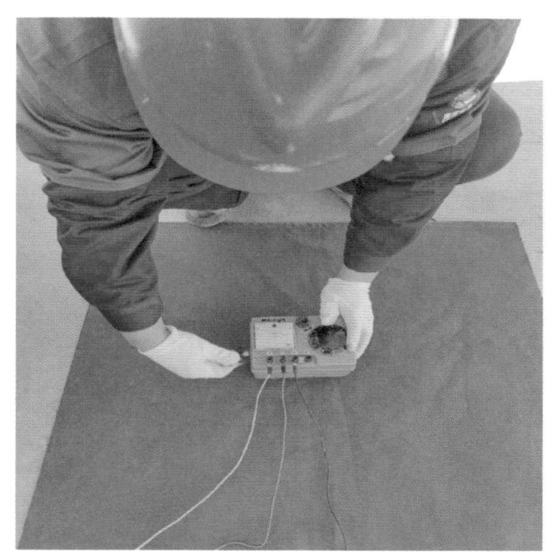

正 确 记录电阻值，根据土壤电阻率公式 $\rho=2\pi R L(L-20)$ 计算测量结果

错 误 不正确读取表示数

七 项目收尾工作

1. 设备复原

无。

2. 工具复原

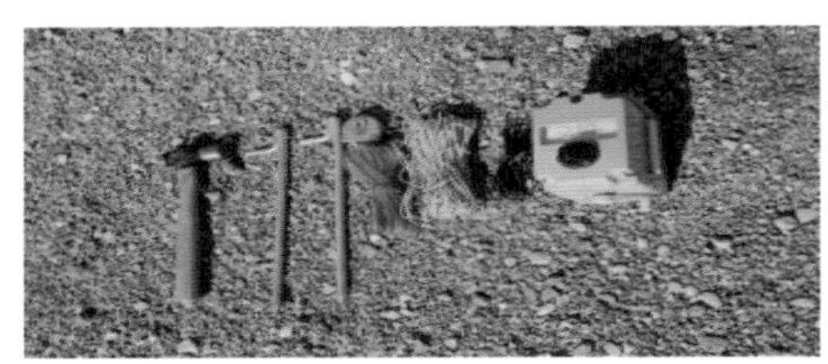

正　确　工具应分类放置、码放整齐，检查工具有无损坏，清点工具有无遗漏或丢失

错　误　工具没有分类放置、码放整齐，未检查工具有无损坏，未清点工具有无遗漏或丢失

3. 现场清理

正　确　场地无遗留工具，场地整洁

错　误　场地有遗留工具，场地不整洁

用绝缘电阻表测量 10kV 电缆绝缘电阻

任务描述

用绝缘电阻表测量 10kV 电缆绝缘电阻：

（1）电缆线路已停电、验电、挂好接地线；

（2）正确选用与线路电压等级相匹配的绝缘电阻表，测量电缆绝缘；

（3）该工作任务由两人完成，辅助人员全程听从工作人员指令，相互监护；

（4）判断 10kV 电缆是否合格。

操作时限

操作时限： 30min。

操作要点及其要求

1. 操作要点

（1）正确选用仪表、使用前检查、试验、接线正确。

（2）摇测操作顺序正确，进行绝缘电阻合格性判断。

（3）摇测完毕应对摇测相进行充分放电。

（4）引线拆除与安装，恢复运行标准。

（5）高处作业，超过 2m 应使用安全带，不应失去安全带保护，正确使用登高工具。

（6）判定电缆绝缘情况。

2. 操作要求

（1）选用与被测电缆电压等级相适应的绝缘电阻表；在检测合格有效期内；指针摆动灵活；专用测量软线及短路线应是绝缘线，测试线端部应有绝缘护套；梳理好电缆引线，将专用测量线引入地面，接线正确，红色线 L 端接被测相，黄色线 E 接电缆外皮及非被测相，G 端接保护环或电缆绝缘护层；测试前对绝缘电阻表进行开路校验。L 端与 E 端空载摇动绝缘电阻表，指针指向“∞”；绝缘电阻表 L 端与 E 端短接时，绝缘电阻表指针指向“0”。说明绝缘电阻表功能良好可以使用；测量前后均需对被测设备进行充分放电。测试线路时，必须取得对方准许后方可进行。测量时，摇动绝缘电阻表手柄速度均匀 120r/min，保持稳定转速 1min 后，进行读数。测试过程中两手不得同时接触两根测试线。测试完毕后，应先拆线，后停止摇动绝缘电阻表，防止反充电损坏绝缘电阻表。其余两相也按以上标准进行测量。雷电时，严禁测试线路绝缘。

（2）做好安全措施。在工作点两侧进行验电挂好地线，安装地线、接线时要防止触电。

（3）10kV 电缆绝缘电阻值不应低于 400MΩ，电缆为合格。

四 准备工作

1. 项目场地要求

（1）现场架设线路 2 基，采用 ϕ190mm × 12m 电杆，杆型依次为终端杆、终端杆；导线水平排列；

（2）其中一基安装引下电缆，引线已连接。

2. 项目设备要求

（1）工作点两侧的开关、断路器、熔断器或隔离开关均应在分闸位置，并悬挂“禁止合闸，线路有人工作”标识牌。

（2）工作点应在地线保护范围内。

3. 项目工具要求

（1）绝缘电阻表。

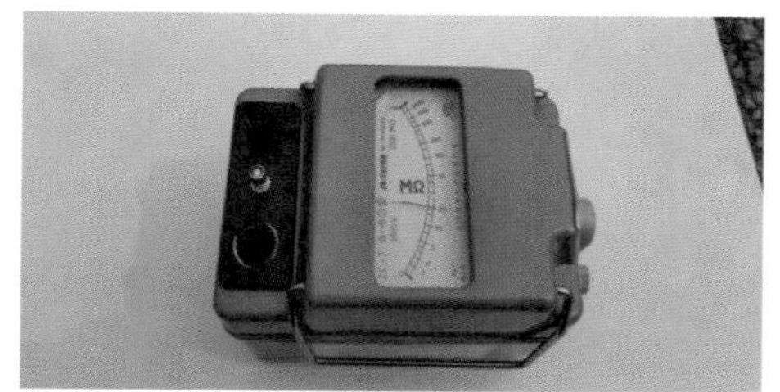

正　确　外观无破损

错　误　外观破损

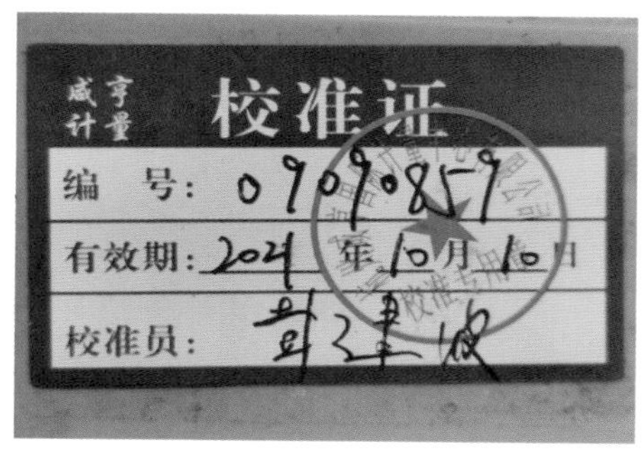

正　确　在检验周期内

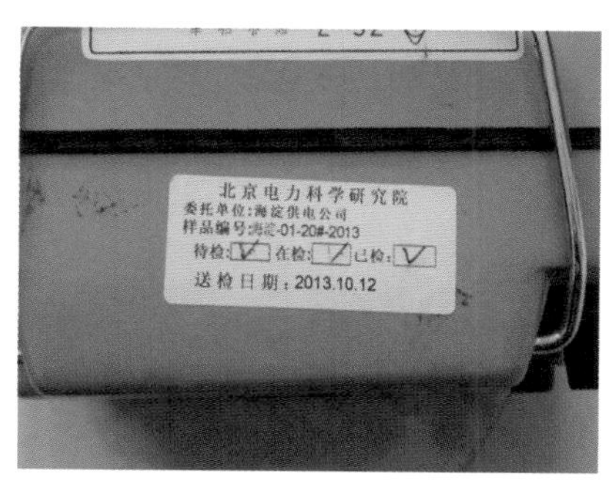

错　误　未在检验周期内

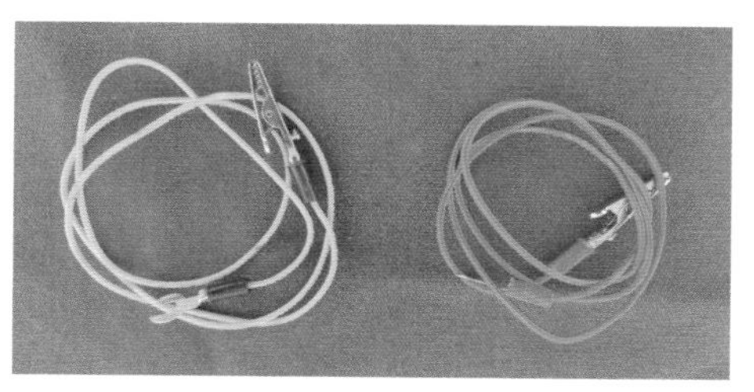

正　确　试验线外观无破损

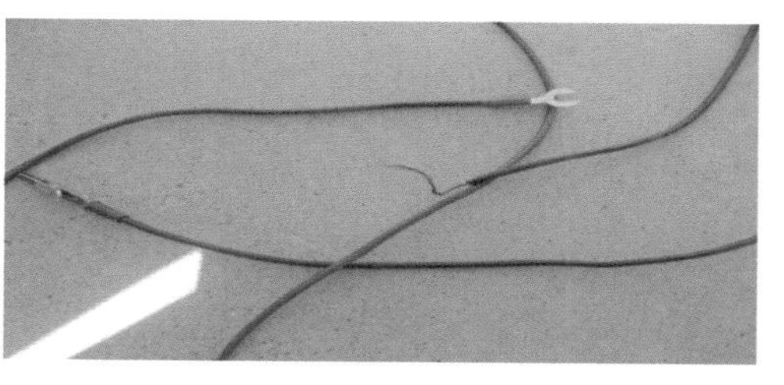

错　误　试验线外观破损

正　确　红色线接“L”

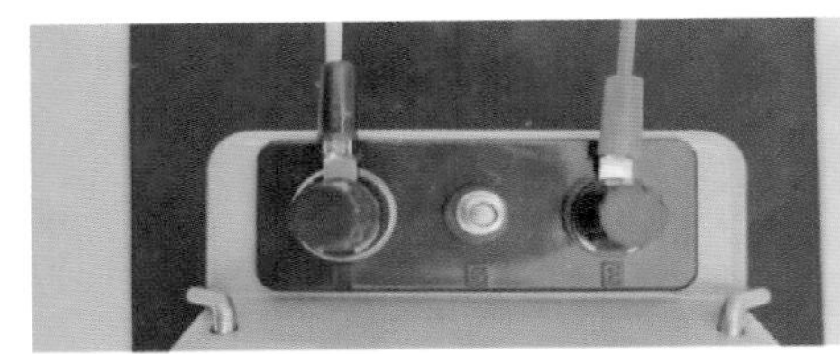

错　误　红色线接“E”

正　确　黄色线接“E”

错　误　黄色线接“L”

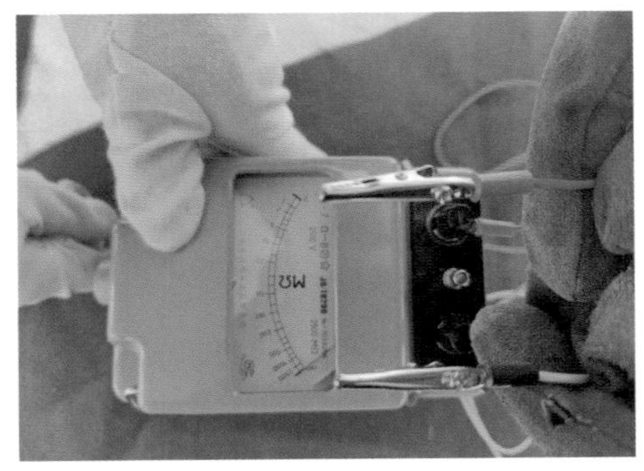

正　确　进行开路实验：将绝缘电阻表水平放置，将连接线开路，以120r/min 的速度摇动摇柄。在开路实验中，指针应该指到 ∞ 处（在开路实验过程中双手不能触碰线夹的导体部分，试验完成后，相互触碰线夹放电）

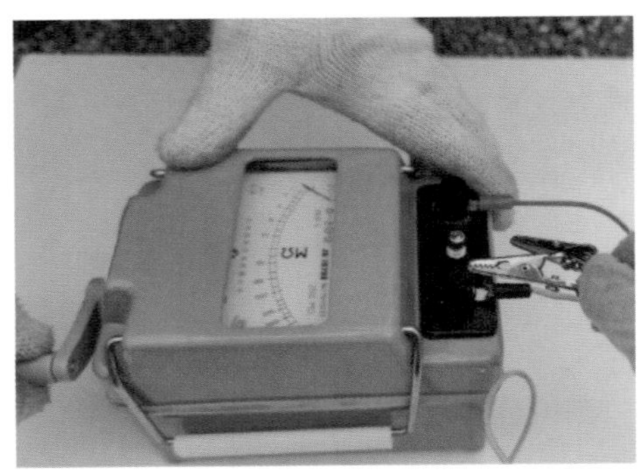

错　误　未进行开路试验“∞”

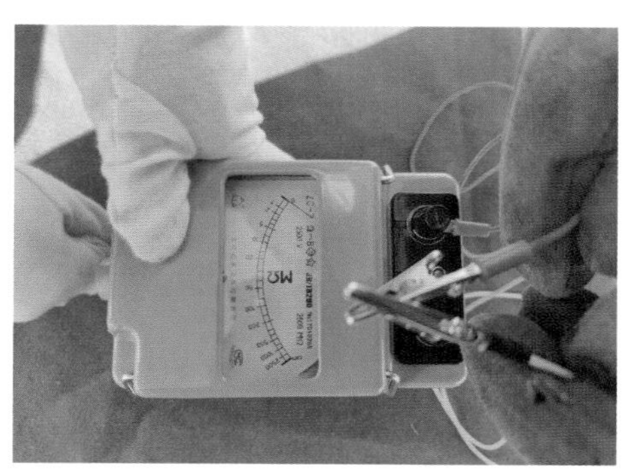

正 确 进行短路实验：以 120r/min 的速度摇动摇柄，使 L 和 E 两接线端子连接线瞬时短接，短路试验中，指针应迅速指零。（在短路试验中，注意在摇动手柄时不得让 L 和 E 短接时间过长，否则将损坏绝缘电阻表）

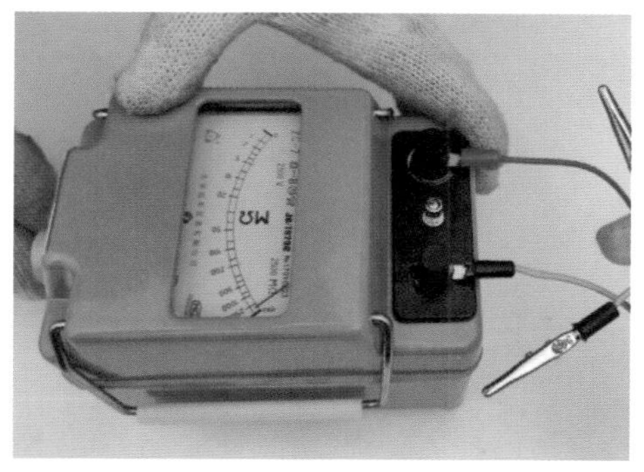

错 误 未进行短路试验归零

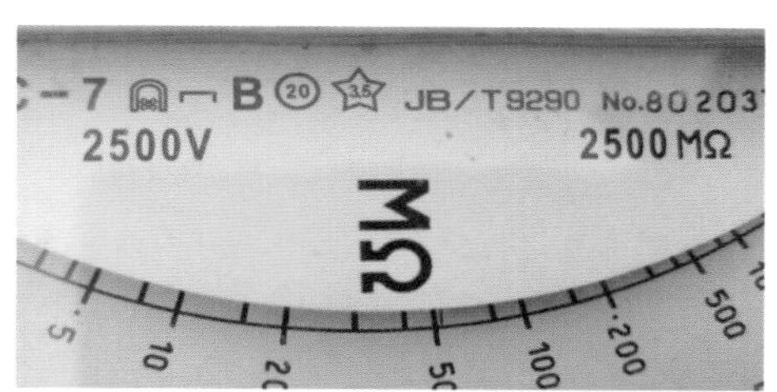

正 确 选择 2500V 及以上

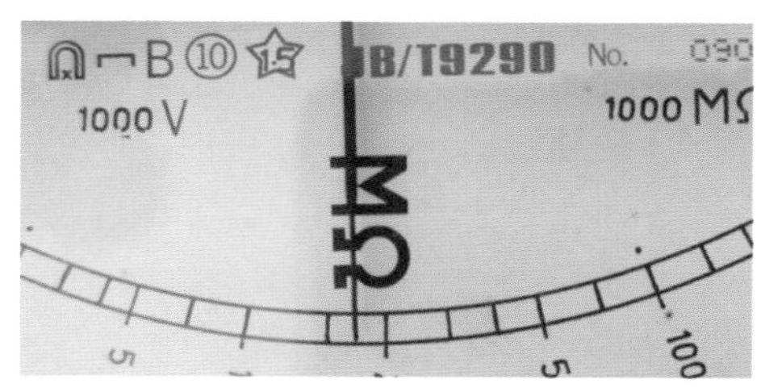

错 误 未选择 2500V 及以上

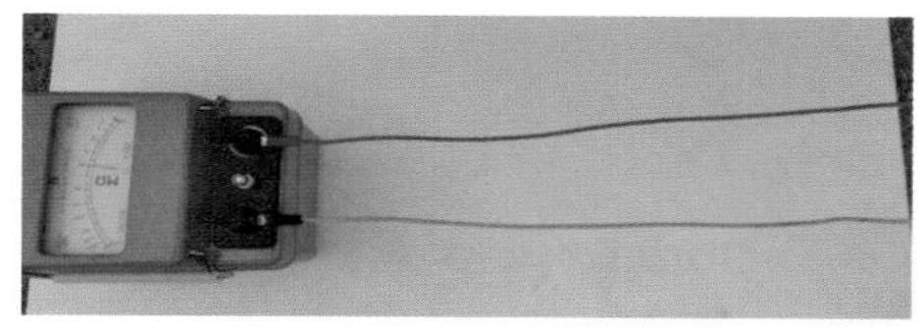

正 确 试验线不缠绕

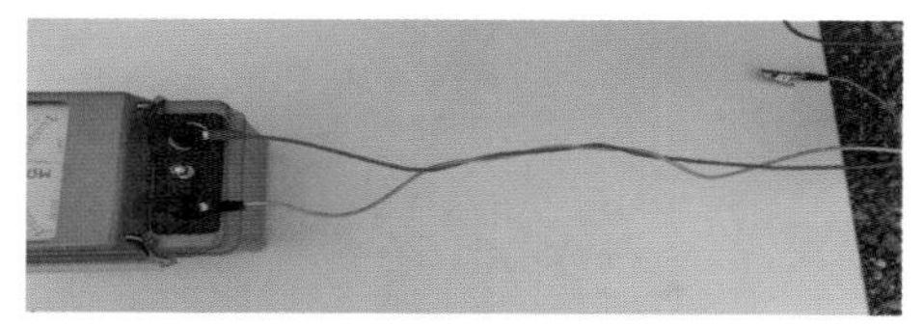

错 误 试验线缠绕

（2）停电牌。

正　确　字迹清晰

错　误　字迹不清晰

（3）放电棒。

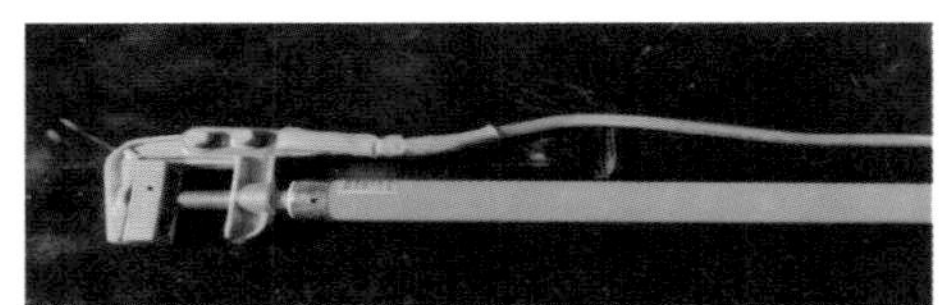

正　确　连接牢固

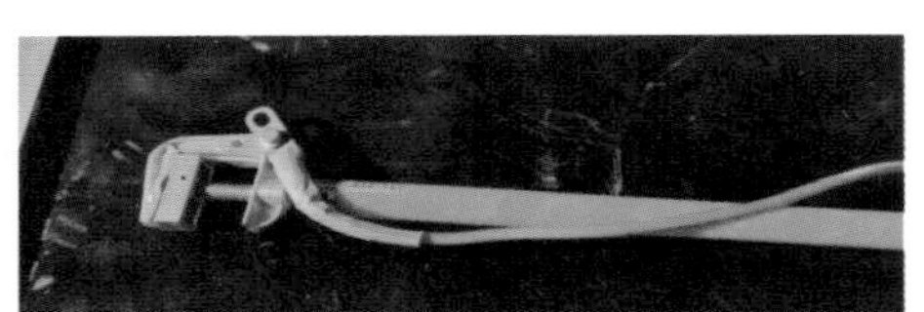

错　误　连接不牢固

（4）短路线。

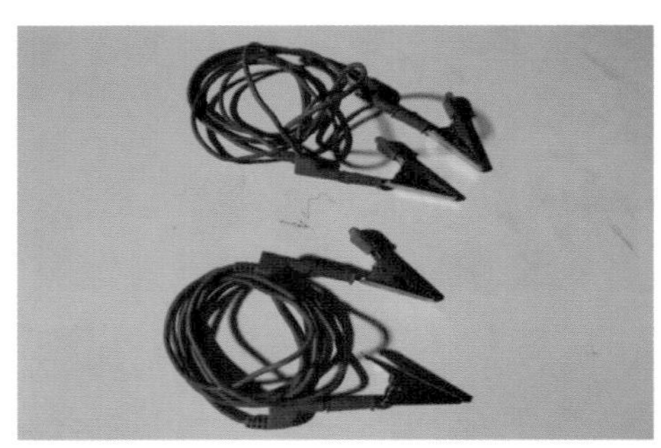

正　确　零件齐全

错　误　零件不齐全

（5）清扫布。

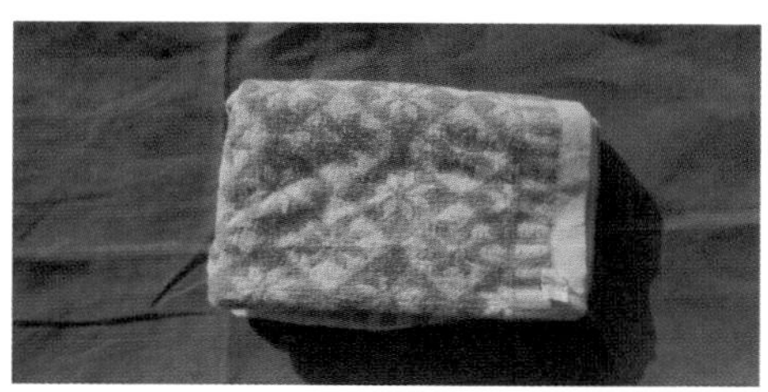

正 确 干净、无污渍

错 误 脏污

（6）扳手。

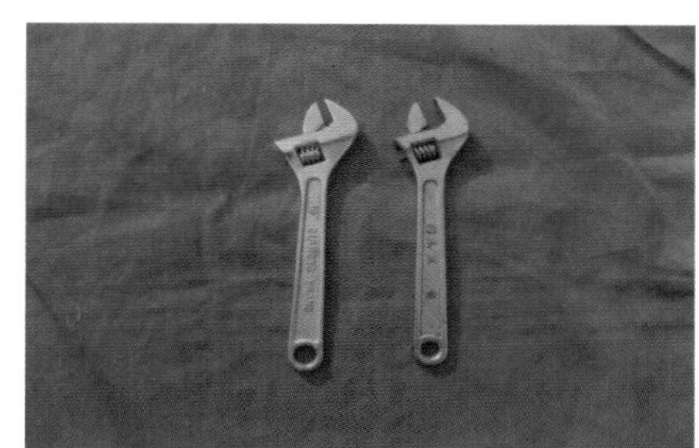

正 确 无损坏

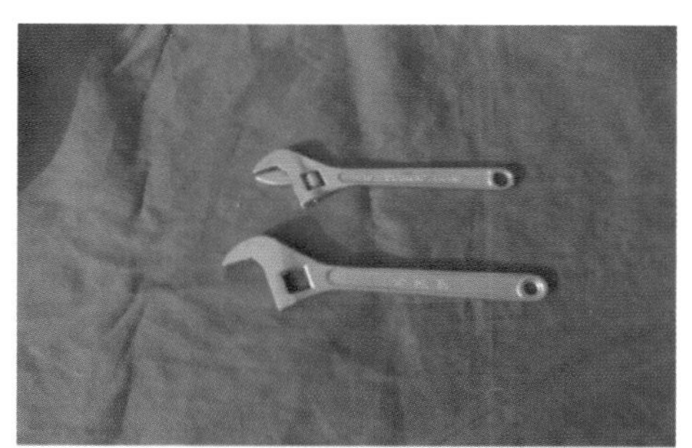

错 误 损坏

（7）绝缘手套。

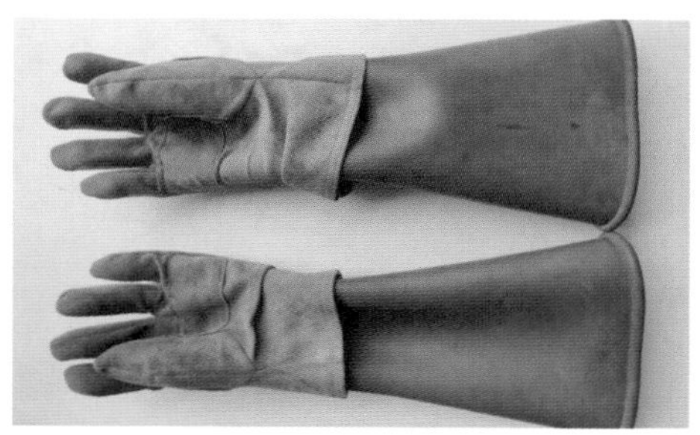

正 确 使用绝缘手套时佩戴防穿刺手套

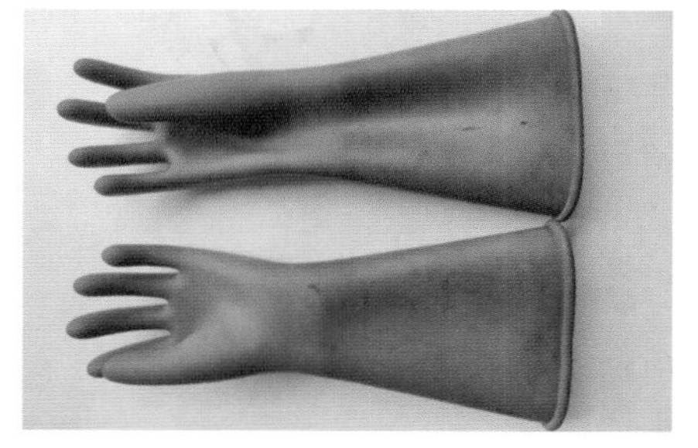

错 误 使用绝缘手套时未佩戴防穿刺手套

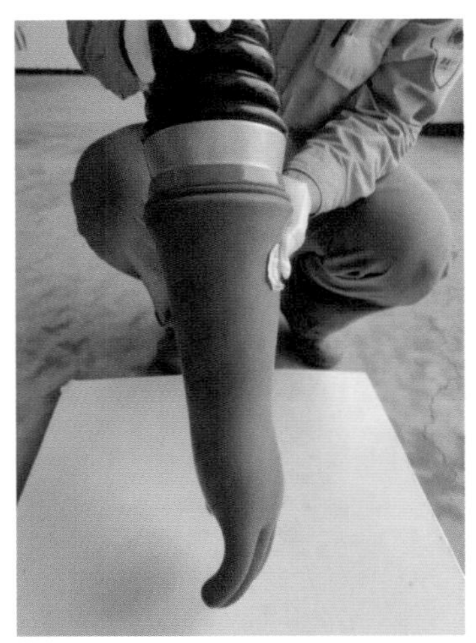

正　确　对绝缘手套做漏气试验

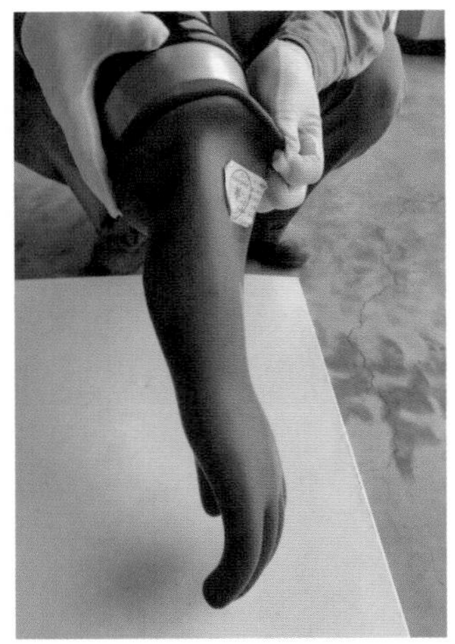

错　误　手套漏气

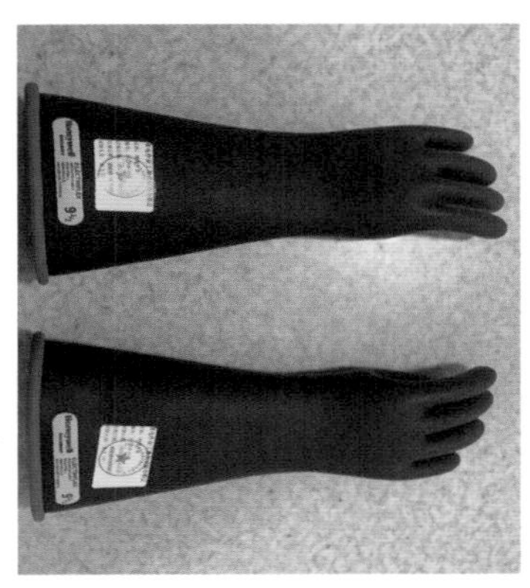

正　确　检查绝缘手套在有效试验周期内

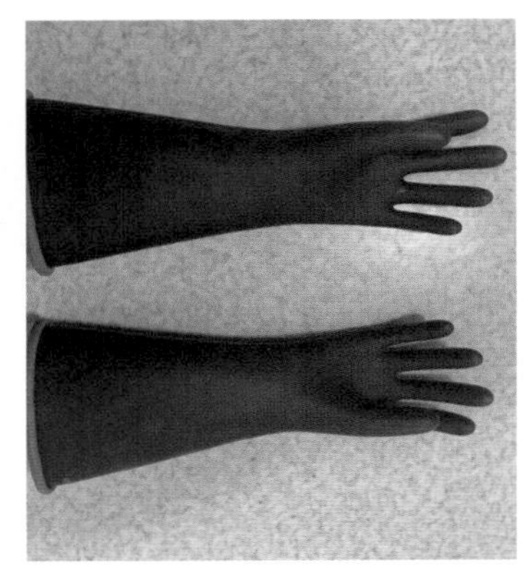

错　误　绝缘手套无实验合格证

（8）脚扣。

具体操作步骤详见本书公共部分内容。

（9）全方位安全带。

具体操作步骤详见本书公共部分内容。

（10）传递绳。

具体操作步骤详见本书公共部分内容。

五 危险点及安全措施

1. 危险点描述

序号	危险点	描述
1	触电	（1）误登带电杆塔造成人员直接触电或感应触电； （2）未正确使用验电器，挂接地线过程中触碰接地线或导线
2	高摔	（1）人员失去安全保护； （2）脚扣打滑，人员由高处顺杆滑落
3	物品坠落	（1）工具材料未固定好； （2）传递绳绑扎不牢固
4	倒杆	（1）电杆埋深不足或裂纹严重； （2）拉线受力不正常

2. 安全措施

（1）针对触电采取的安全措施：

1）核对路名、色标、杆号正确无误；

2）确认工作线路已停电、验电、装设接地线悬挂标识牌；

3）如有需要穿越的线路也应停电、验电、装设接地线。

（2）针对高摔采取的安全措施：

1）登杆前对脚扣、安全带做冲击试验；

2）登杆第一步开始全程使用安全带，不得失去安全保护；

3）到达工作位置后应先系好后备保护绳；

4）登杆过程防止脚扣打滑；

5）安全带及后备保护绳不应低挂高用；

6）穿越障碍时不得失去安全保护。

（3）针对物品坠落采取的安全措施：

1）上下传递物品应使用传递绳；

2）工具、材料未挂牢前不得失去绳索保护；

3）绳扣系法正确；

4）工具材料接触地面时应轻缓。

（4）针对倒杆采取的安全措施：

1）登杆前检查电杆无横纵向裂纹，埋深满足要求；

2）检查拉线受力正常。

六 项目操作步骤

（1）安全措施。

正确 核实电缆对端断路器等控制开关已断开并悬挂标示牌和装设遮拦

错误 未核实线开关情况；未悬挂标示牌和装设遮拦

（2）登杆前检查。

具体操作步骤详见本书公共部分内容。

（3）登杆作业。

具体操作步骤详见本书公共部分内容。

（4）到达作业位置。

正 确 选择作业位置合理

错 误 作业位置过低

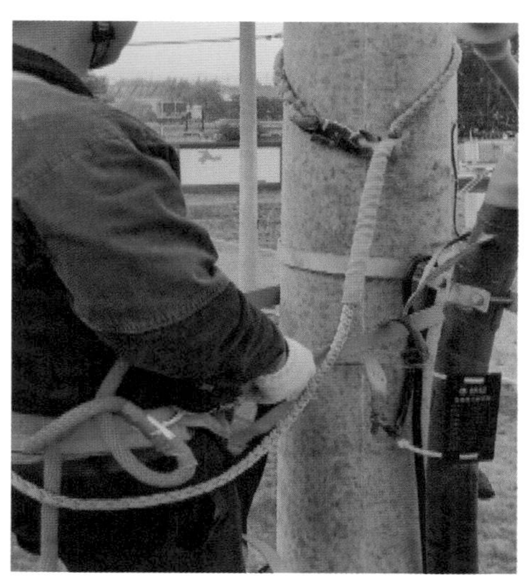

正 确 到达作业位置时，应先系好后备保护

错 误 到达作业位置未先系好后备保护

正 确 作业侧为承重腿且在下

错 误 作业侧承重腿在上

（5）传递。

正 确 将传递绳固定在可靠位置

错 误 传递绳固定在身上

正 确 传递绳传递过程无缠绕

错 误 传递绳传递过程存在缠绕现象

正 确 先固定工具再解开传递绳

错 误 未固定工具先解开传递绳

（6）拆除引线。

正　确　拆除电缆与线路连接引线前进行放电

错　误　未放电直接工作

正　确　拆除电缆与线路连接引线

错　误　未拆除电缆与线路连接引线

正　确　引线固定牢固

错　误　引线未固定牢固

（7）绝缘摇测。

正　确　将电缆头表面擦拭干净

错　误　未擦拭干净

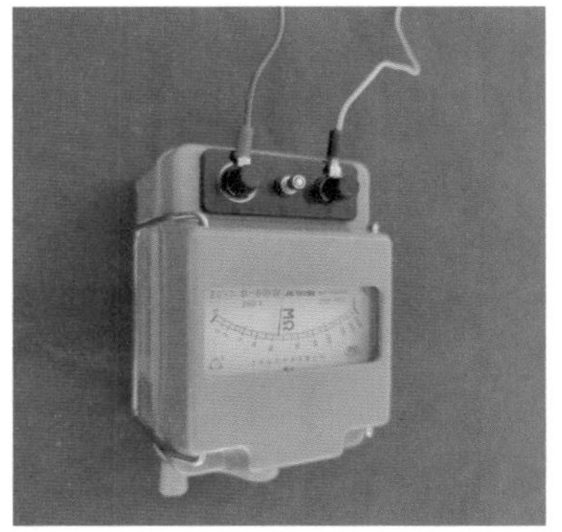

正　确　绝缘电阻表安放位置合适

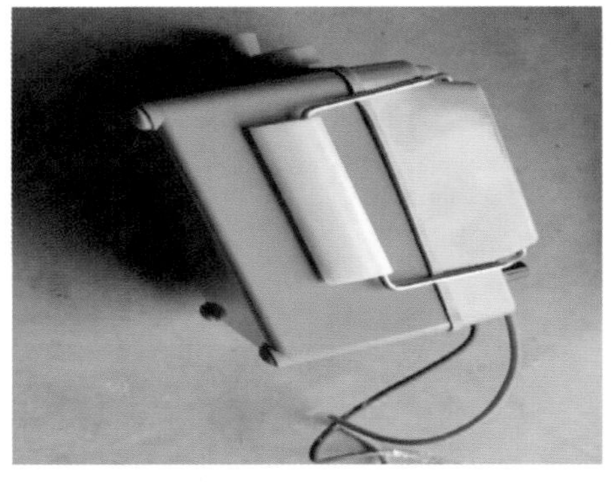

错　误　绝缘电阻表安放位置不合适

正　确　将 A 相、B 相用短接线连接并接地

错　误　接线不正确或连接不牢固

正　确　将绝缘电阻表的“E”端接短接相

错　误　“E”端未接短接相

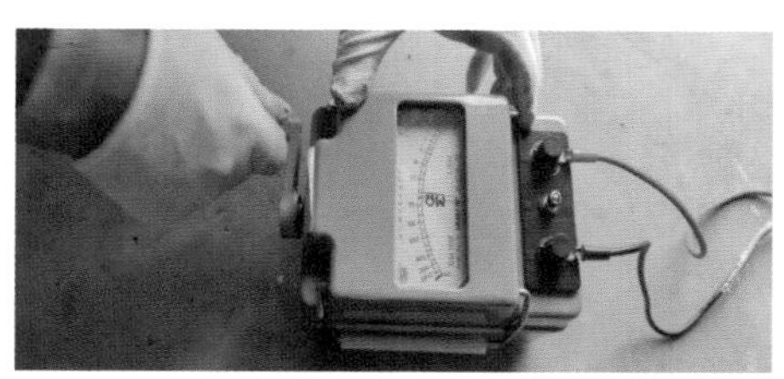

正 确 绝缘电阻表转速达到 120r/min

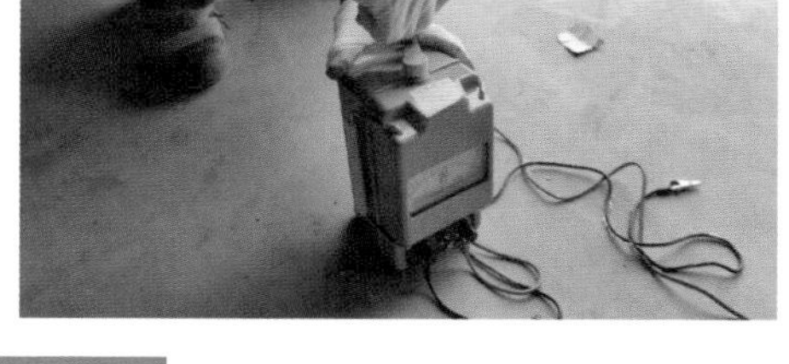

错 误 使用仪表不规范或转速不足

正 确 指挥杆上作业人员将“L”端测试线连接 C 相

错 误 未将“L”端测试线连接 C 相

正 确 摇测过程中不得碰触测量引线

错 误 摇测过程中碰触测量引线

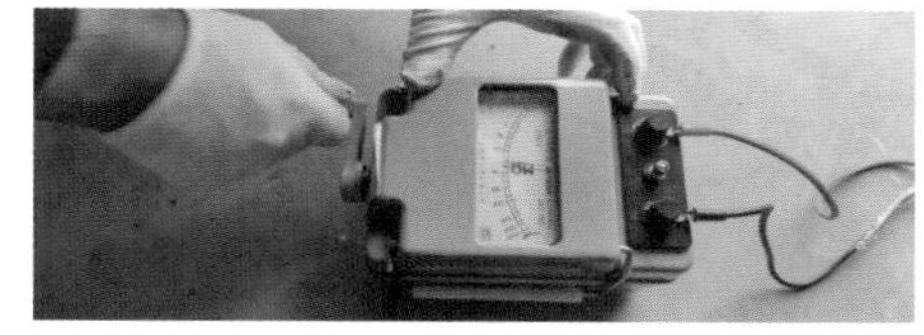

正 确 摇动绝缘电阻表 1min 读数，记录摇测电阻值

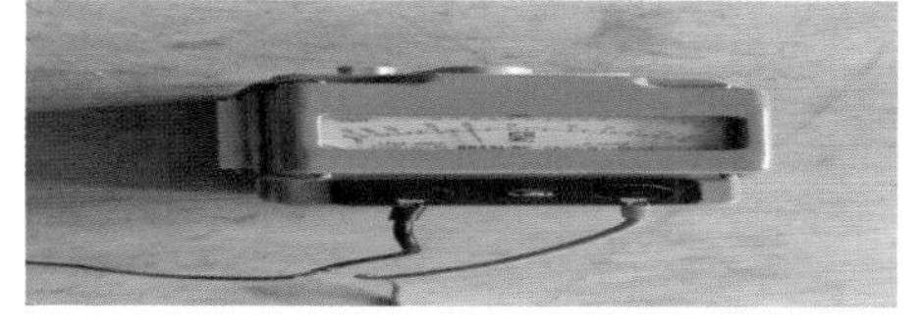

错 误 摇动绝缘电阻表未到 1min 读数（提前停摇读数）

正 确 指挥杆上作业人员将“L”端测试线脱离 C 相

错 误 “L”端测试线未脱离 C 相

正 确 脱离后停止摇动手柄

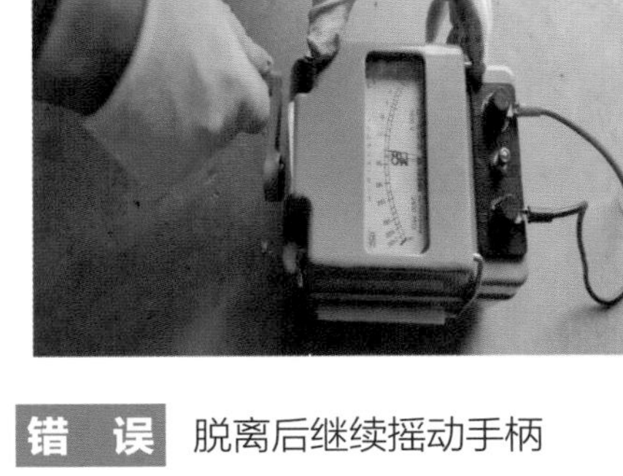

错 误 脱离后继续摇动手柄

正 确 使用放电棒对 C 相充分放电

错 误 测量完未对 C 相充分放电

正 确 将 B 相短接线转移至 C 相

错 误 接线不正确或连接不牢固

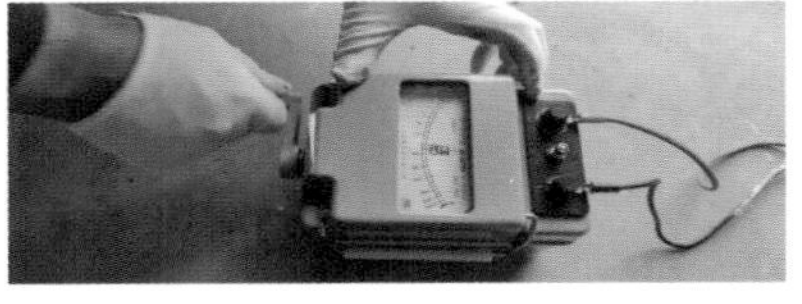

正 确 绝缘电阻表转速达到 120r/min

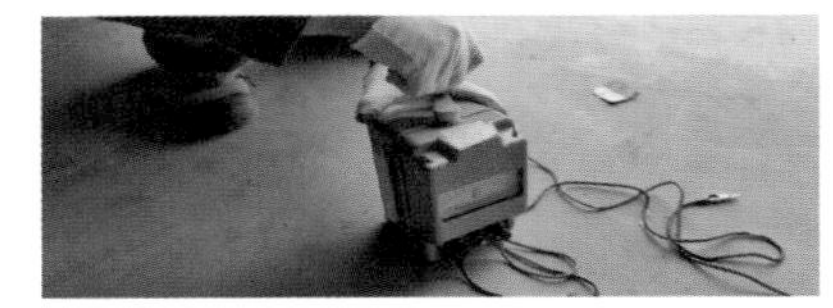

错 误 使用仪表不规范或转速不足

正 确 作业人员将“L”端测试线连接 B 相

错 误 未将“L”端测试线连接 B 相

正 确 摇测过程中不得碰触测量引线

错 误 摇测过程中碰触测量引线

正 确 摇动绝缘电阻表 1min 读数，记录摇测电阻值

错 误 摇动绝缘电阻表未到 1min 读数（提前停摇读数）

正 确 指挥杆上作业人员将“L”端测试线脱离 B 相

错 误 “L”端测试线未脱离 B 相

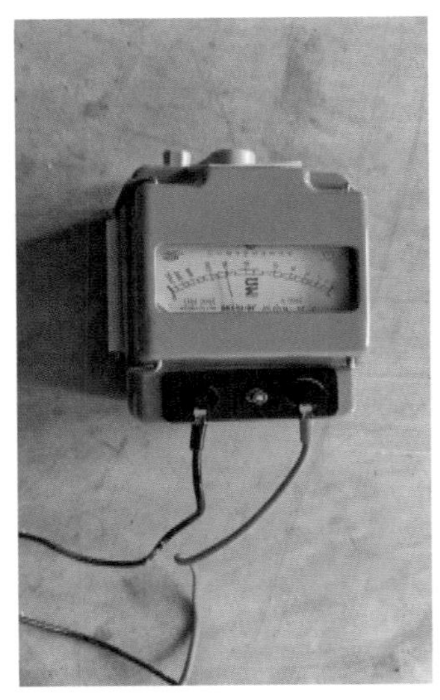

正　确　脱离后停止摇动手柄

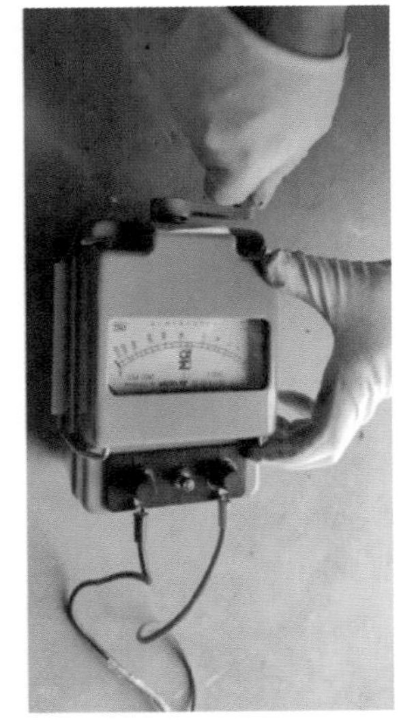

错　误　脱离后继续摇动手柄

正　确　使用放电棒对 B 相充分放电

错　误　测量完未对 B 相充分放电

正　确　将 A 相短接线转移至 B 相

错　误　接线不正确或连接不牢固

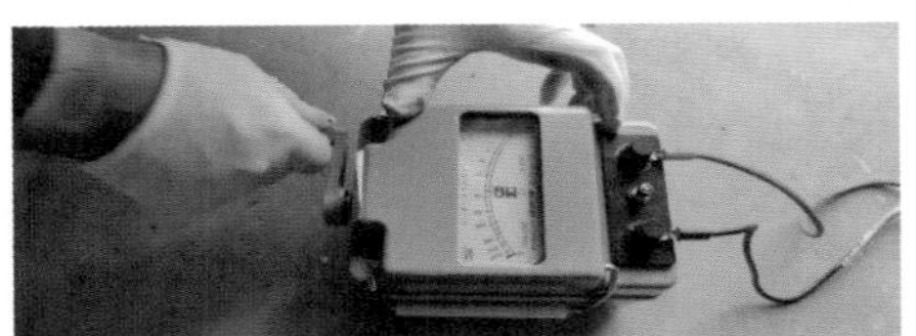

正　确　绝缘电阻表转速达到 120r/min

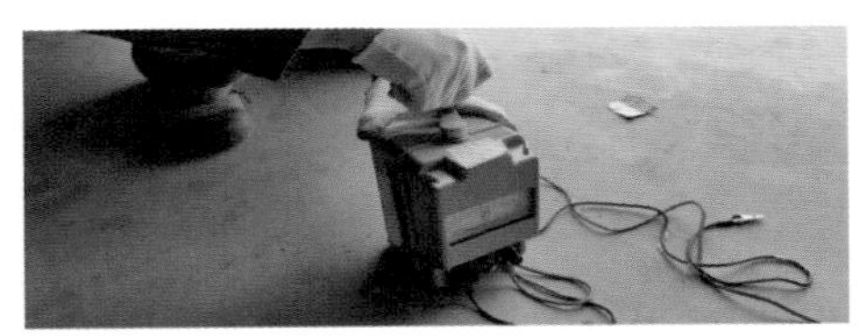

错　误　使用仪表不规范或转速不足

正 确 指挥杆上作业人员将“L”端测试线连接 A 相

错 误 未将“L”端测试线连接 A 相

正 确 摇测过程中不得碰触测量引线

错 误 摇测过程中碰触测量引线

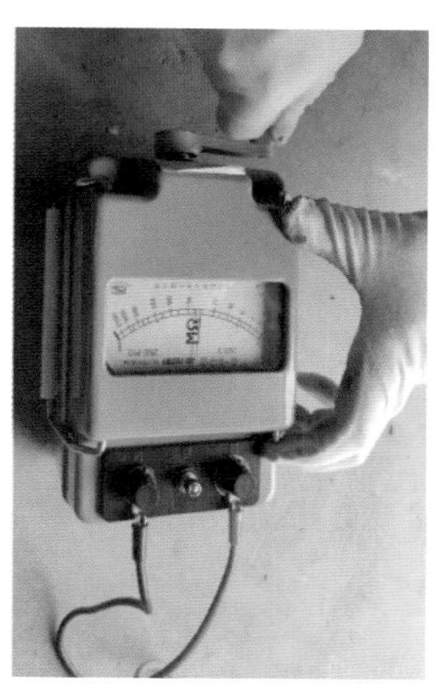

正 确 摇动绝缘电阻表 1min 读数，记录摇测电阻值

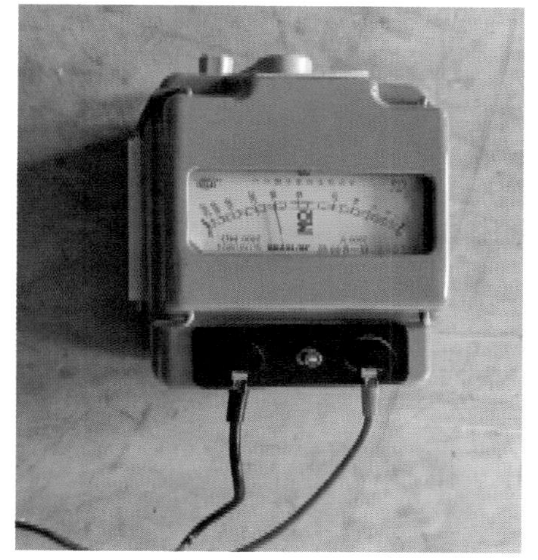

错 误 摇动绝缘电阻表未到 1min 读数（提前停摇读数）

正 确 指挥杆上作业人员将“L”端测试线脱离 A 相

错 误 “L”端测试线未脱离 A 相

正 确 脱离后停止摇动手柄

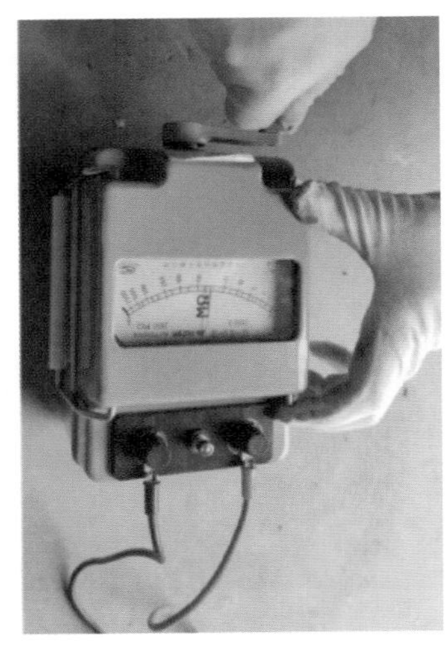

错 误 脱离后继续摇动手柄

正 确 使用放电棒对 A 相充分放电

错 误 测量完未对 A 相充分放电

正 确 拆除短接线

错 误 未拆除短接线

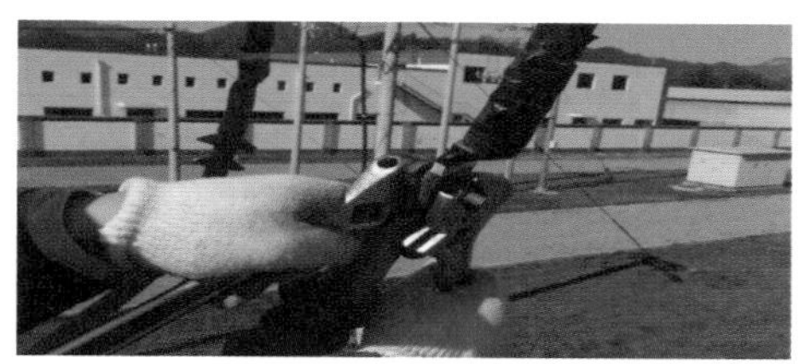

正 确 恢复电缆头连接引线

错 误 未恢复电缆头连接引线

正 确 恢复引线连接处绝缘防水

错 误 未恢复引线连接处绝缘防水

正 确 调整引线满足运行标准

错 误 未调整引线

（8）工器具传递。

正 确 工具材料传至地面

错 误 人员随身携带下杆

（9）回检。

正 确 检查接头无受损、连接处绝缘和防水良好

错 误 未检查接头，接头有受损、连接处绝缘和防水不良

正 确 杆上无遗留工具、材料

错 误 杆上有遗留工具、材料

七 项目收尾工作

1. 设备复原

（1）拆除接地线。

正　确　应拆除的接地线已全部拆除

错　误　应拆除的接地线未全部拆除

（2）标识牌。

正　确　应拆除的标识牌已拆除

错　误　应拆除的标识牌未拆除

（3）送电。

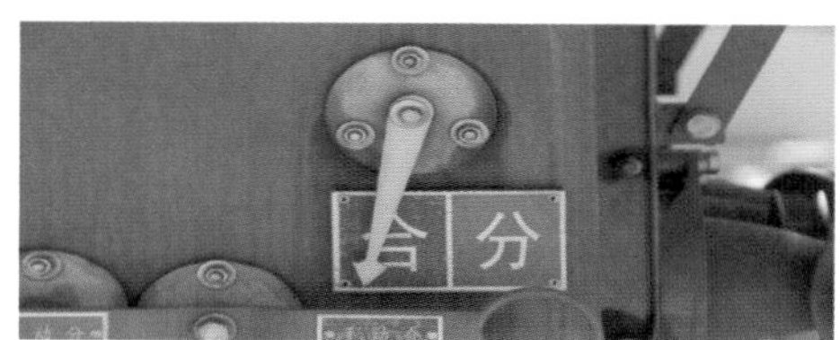

正　确　拉开的断路器、隔离开关已合上

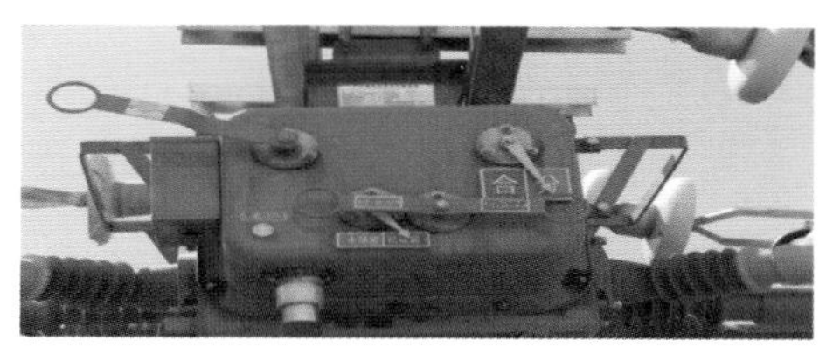

错　误　拉开的断路器、隔离开关未合上

2. 工具复原

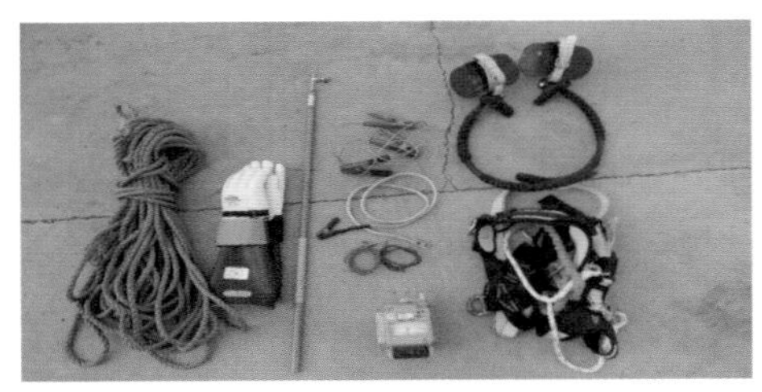

正 确 工具应分类放置、码放整齐，检查工具有无损坏，清点工具有无遗漏或丢失

错 误 工具没有分类放置、码放整齐，未检查工具有无损坏，未清点工具有无遗漏或丢失

3. 现场清理

正 确 场地无遗留工具，场地整洁

错 误 场地有遗留工具，场地不整洁

10kV 柱上断路器绝缘电阻摇测

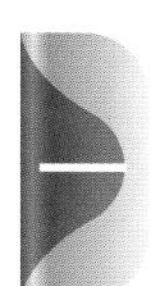

任务描述

10kV 柱上断路器绝缘电阻摇测：

（1）选择正确的绝缘电阻表对 10kV 柱上断路器绝缘电阻摇测；

（2）该工作任务由两人完成，操作过程不得失去后备保护，1 人操作，1 人配合；

（3）履行停电、验电、挂地线等安全措施。

操作时限

操作时限： 30min。

操作要点及其要求：

1. 操作要点

（1）安全工器具、仪器仪表的检查。

（2）绝缘电阻表的选择及配件完好，接线的正确性。

（3）测量断路器相间和整体对地的绝缘电阻。

（4）测量断路器断口的绝缘电阻。

（5）判断绝缘电阻（不小于 300MΩ）。

2. 操作要求

（1）拆除柱上断路器引线时注意拆卸步骤，恢复时进行整理。

（2）选择正确电压等级的绝缘电阻表，接线熟练正确。

（3）使用绝缘电阻表时，摇动绝缘电阻表达到额定转数（120r/min），保持均匀转速，待表盘上的指针停稳 1min 后读数。

四 准备工作

1. 项目场地要求

（1）现场架设线路 3 基，采用 ϕ190mm×12m 电杆，杆型依次为终端杆、耐张杆、终端杆；导线水平排列。

（2）耐张杆安装断路器一台，断路器两侧引线已搭接。

2. 项目设备要求

（1）工作点两侧的开关、断路器、熔断器或隔离开关均应在分闸位置，并悬挂“禁止合闸，线路有人工作”标识牌。

（2）工作点应在地线保护范围内。

3. 项目工具要求

（1）绝缘电阻表。

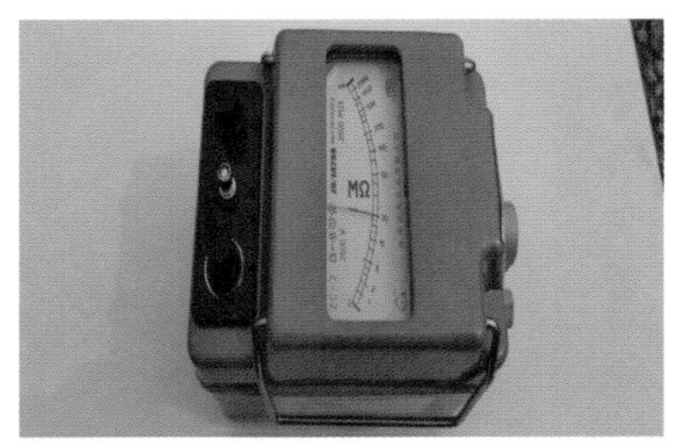

正　确　外观无破损

错　误　外观破损

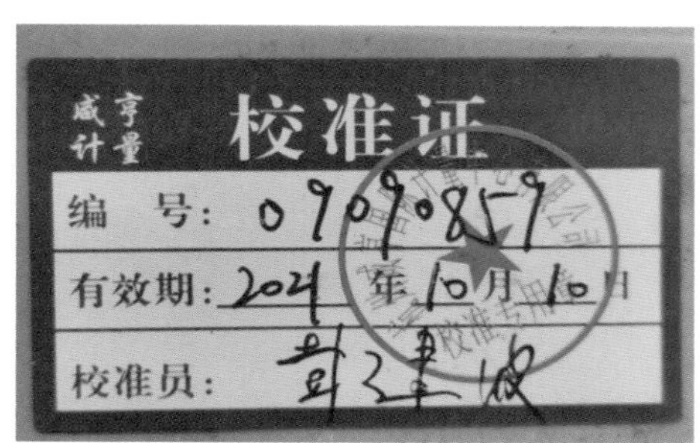

正 确 在检验周期内

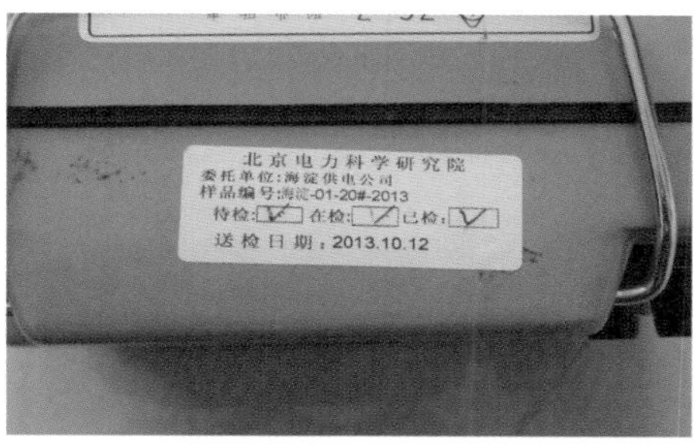

错 误 未在检验周期内

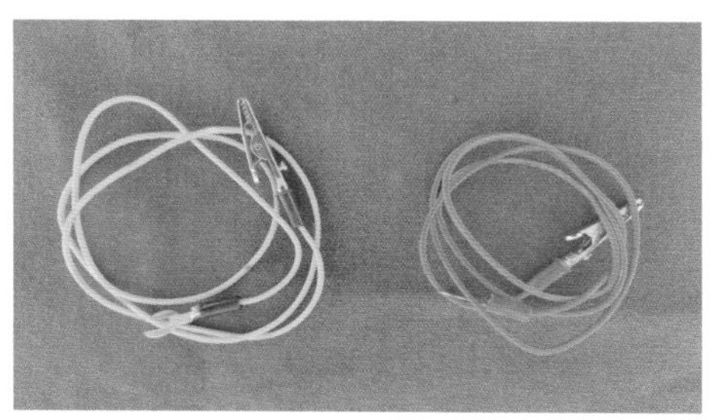

正 确 试验线外观无破损

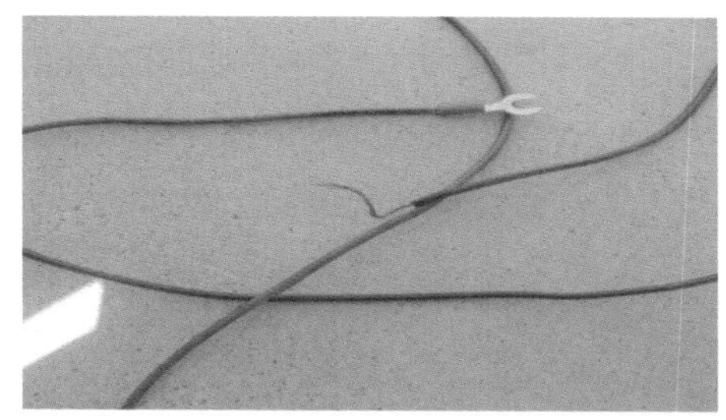

错 误 试验线外观破损

正 确 红色线接“L”

错 误 红色线接“E”

正 确 黄色线接“E”

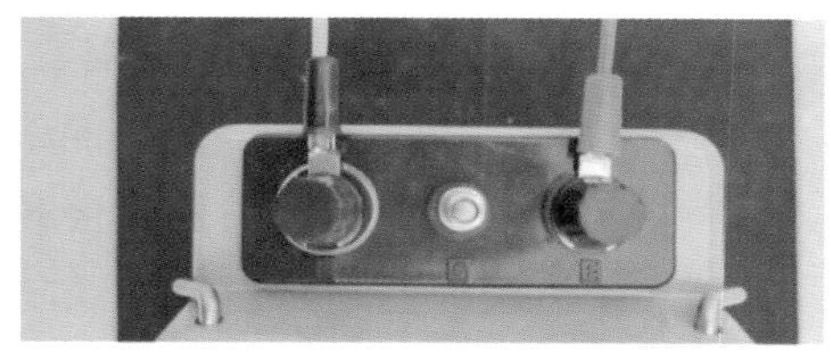

错 误 黄色线接“L”

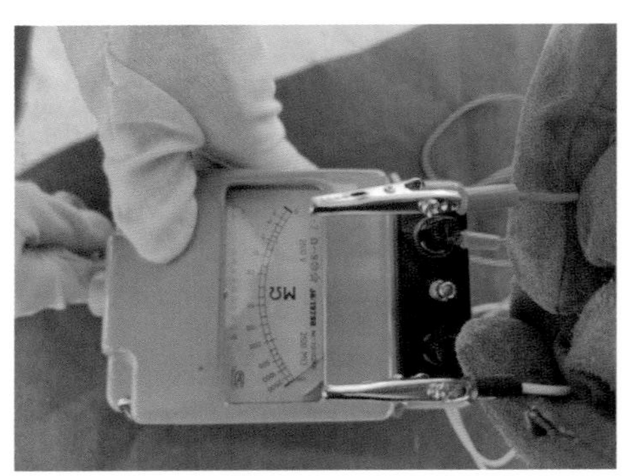

正　确　进行开路实验：将绝缘电阻表水平放置，将连接线开路，以120r/min的速度摇动摇柄。在开路实验中，指针应该指到∞处（在开路实验过程中双手不能触碰线夹的导体部分，试验完成后，相互触碰线夹放电）

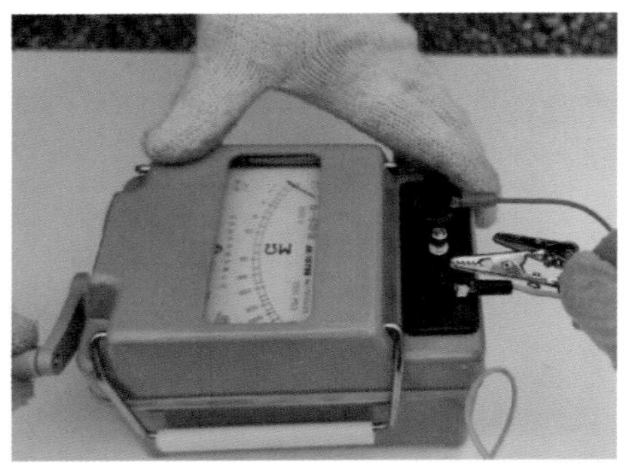

错　误　未进行开路试验“∞”

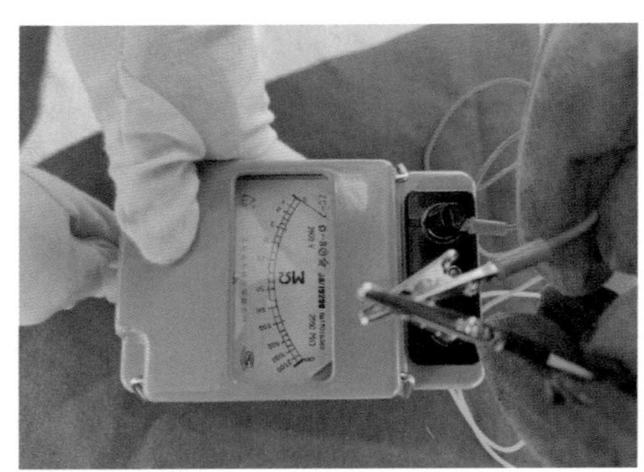

正　确　进行短路实验：以120r/min的速度摇动摇柄，使L和E两接线端子连接线瞬时短接，短路试验中，指针应迅速指零。（在短路试验中，注意在摇动手柄时不得让L和E短接时间过长，否则将损坏绝缘电阻表）

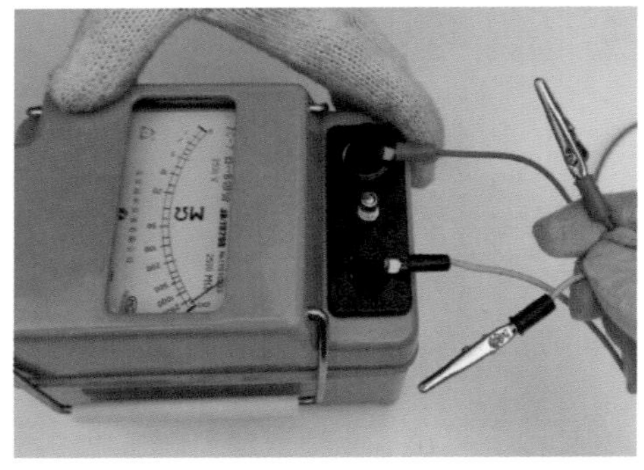

错　误　未进行短路试验归零

正 确 选择 2500V 及以上

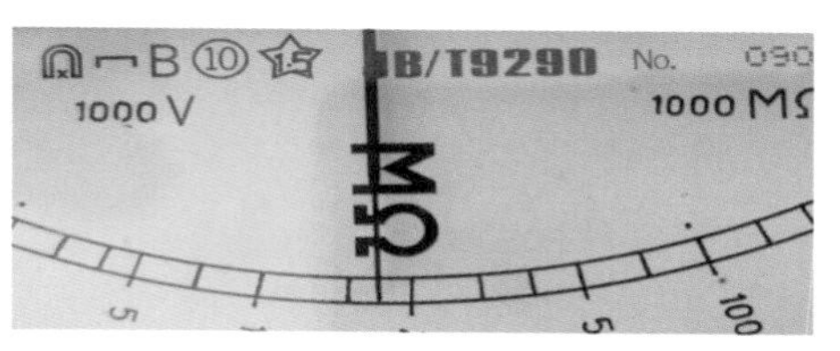

错 误 未选择 2500V 及以上

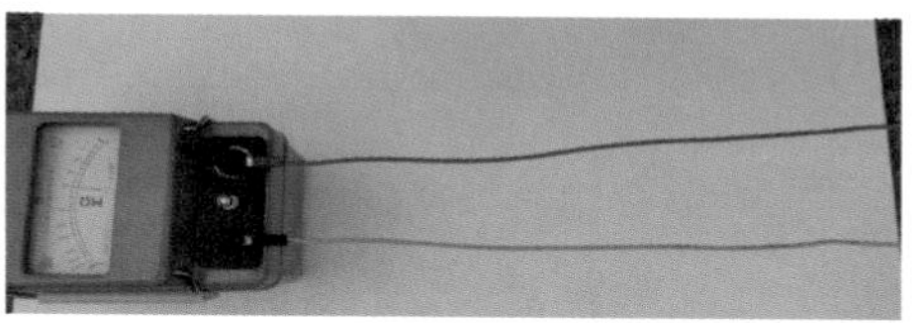

正 确 试验线不缠绕

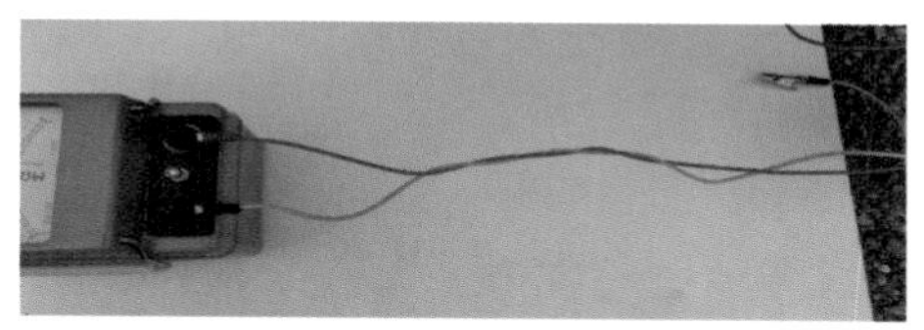

错 误 试验线缠绕

（2）停电牌。

正 确 字迹清晰

错 误 字迹不清晰

（3）放电棒。

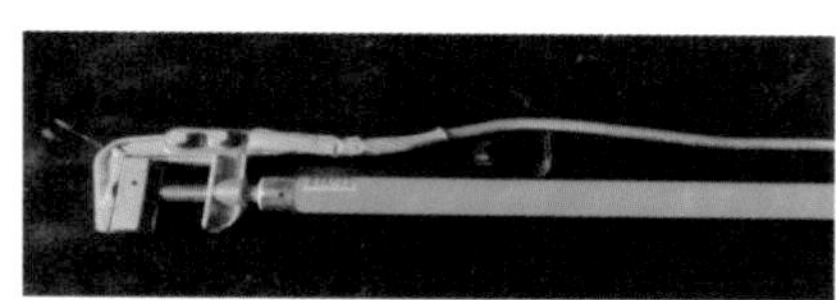

正 确 连接牢固

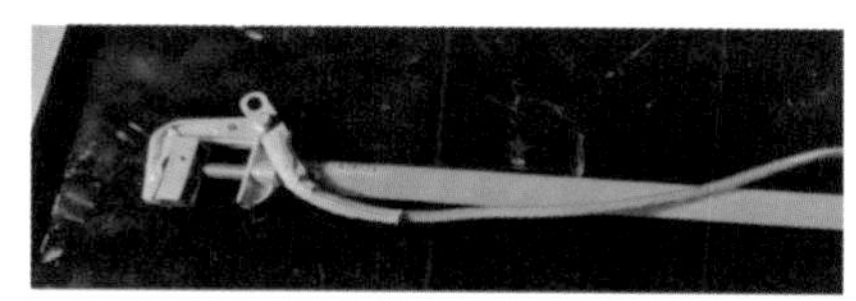

错 误 连接不牢固

（4）**短路线。**

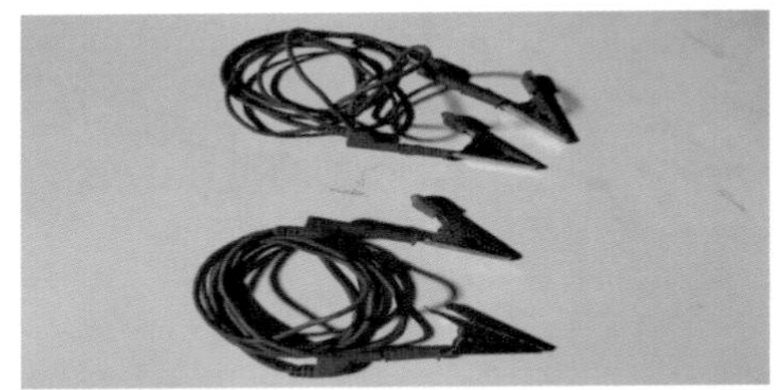

正　确　零件齐全

错　误　零件不齐全

（5）**清扫布。**

正　确　干净、无污渍

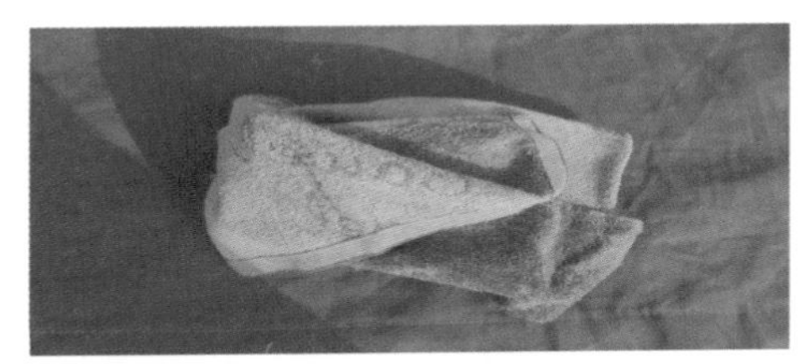

错　误　脏污

（6）**扳手。**

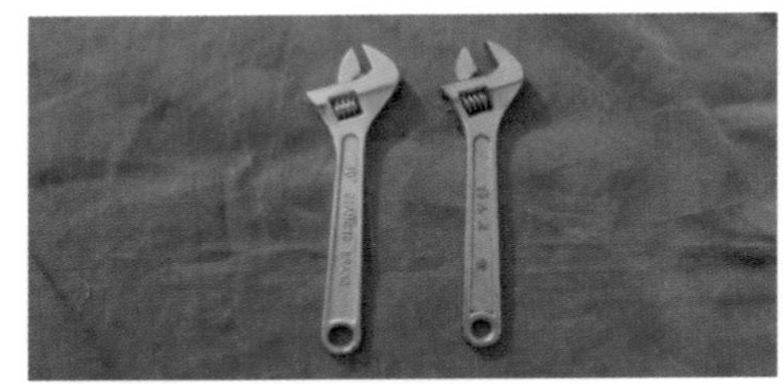

正　确　无损坏

错　误　损坏

（7）**脚扣。**

具体操作步骤详见本书公共部分内容。

（8）**全方位安全带。**

具体操作步骤详见本书公共部分内容。

（9）传递绳。

具体操作步骤详见本书公共部分内容。

（10）绝缘手套。

具体操作步骤详见本书操作项目 06 中绝缘手套相关内容。

五 危险点及安全措施

1. 危险点描述

序号	危险点	描述
1	触电	误登带电杆塔造成人员直接触电或感应触电
		未正确使用验电器，挂接地线过程中触碰接地线或导线
2	高摔	人员失去安全保护
		脚扣打滑，人员由高处顺杆滑落
3	物品坠落	工具材料未固定好
		传递绳绑扎不牢固

2. 安全措施

（1）针对触电采取的安全措施：

1）核对路名、色标、杆号正确无误；

2）确认工作线路已停电、验电、装设接地线悬挂标识牌；

3）如有需要穿越的线路也应停电、验电、装设接地线。

（2）针对高摔采取的安全措施：

1）登杆前对脚扣、安全带做冲击试验；

2）登杆第一步开始全程使用安全带，不得失去安全保护；

3）到达工作位置后应先系好后备保护绳；

4）登杆过程防止脚扣打滑；

5）安全带及后备保护绳不应低挂高用；

6）穿越障碍时不得失去安全保护。

（3）针对物品坠落采取的安全措施：

1）上下传递物品应使用传递绳；

2）工具、材料未挂牢前不得失去绳索保护；

3）绳扣系法正确；

4）工具材料接触地面时应轻缓。

六 项目操作步骤

（1）安全措施。

正 确 需确认线路已停电、验电、装设接地线、悬挂标示牌和装设遮拦

错 误 未确认线路已停电、验电、装设接地线；未悬挂标示牌和装设遮拦

（2）登杆前检查。

具体操作步骤详见本书公共部分内容。

（3）登杆作业。

具体操作步骤详见本书公共部分内容。

（4）到达作业位置。

正　确　选择作业位置合理

错　误　作业位置过低

正　确　做好后备保护

错　误　未做后备保护

正　确　作业侧为承重腿且在下

错　误　作业侧承重腿在上

（5）**工具传递。**

正　确　工具材料使用传递绳传递

错　误　随身携带工具上杆

正 确 将传递绳固定在可靠位置

错 误 传递绳固定在身上

正 确 传递绳无缠绕

错 误 传递绳缠绕

正 确 先固定工具再解开传递绳

错 误 未固定工具先解开传递绳

（6）工作过程及标准。

正 确 根据断路器原始分、合位置，选择对断路器进行相间及对地的绝缘测量或断口的绝缘测量的先后顺序。合闸位置：先进行相间及接地之间的摇测；分闸位置：先进行电源侧与负荷侧断口绝缘的摇测

错 误 未根据断路器原始分、合位置，选择对断路器进行相间及对地的绝缘测量或断口的绝缘测量的先后顺序

正 确 拆除断路器连接引线及控制线并固定

错 误 未固定断路器连接引线

正　确　将断路器套管表面擦拭干净

错　误　未对套管表面进行有效清洁

正　确　将 A、B 相使用短路线短接并接地

错　误　未接地或接触不良

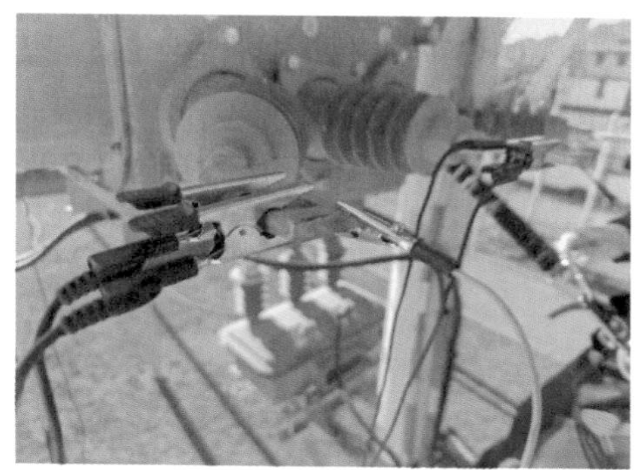

正　确　将绝缘电阻表“E”端测试线与 A 或 B 相连接

错　误　接线错误或接触不良

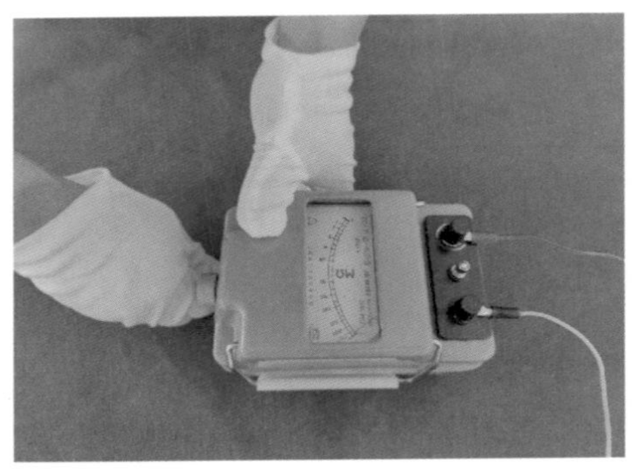

正 确 绝缘电阻表转速达到 120r/min

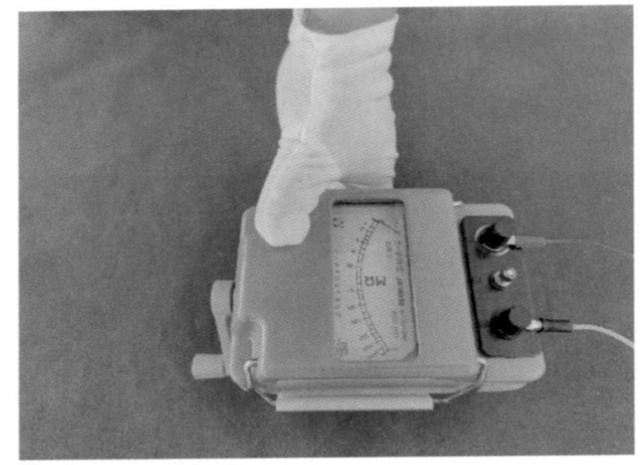

错 误 使用仪表不规范或转速不足

正 确 指挥杆上作业人员将“L”端测试线连接 C 相

错 误 未将“L”端测试线连接 C 相

正 确 摇测过程中不得碰触测量引线

错 误 摇测过程中碰触测量引线

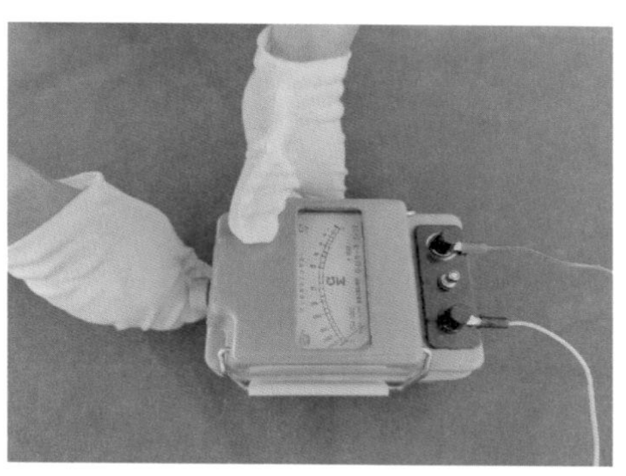

正 确 摇动绝缘电阻表 1min 读数，记录摇测电阻值

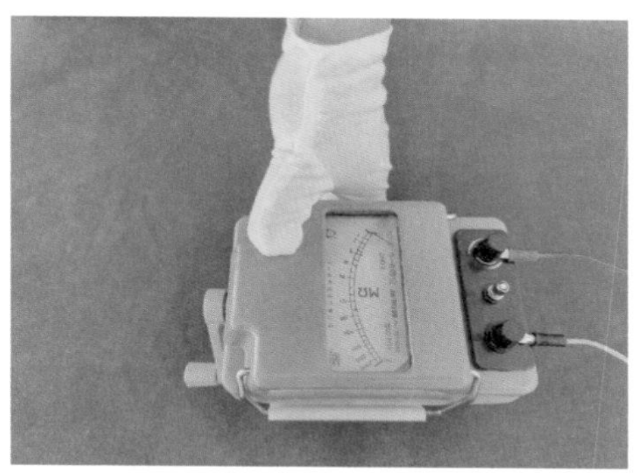

错 误 摇动绝缘电阻表未到 1min 读数（提前停摇读数）

正 确 指挥杆上作业人员将“L”端测试线脱离 C 相

错 误 “L”端测试线未脱离 C 相

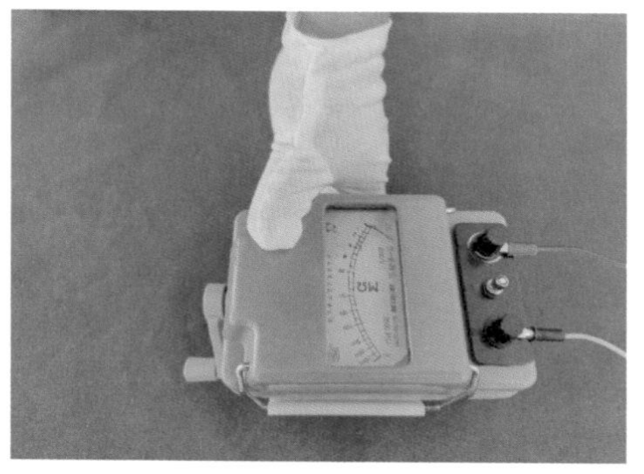

正 确 脱离后停止摇动手柄

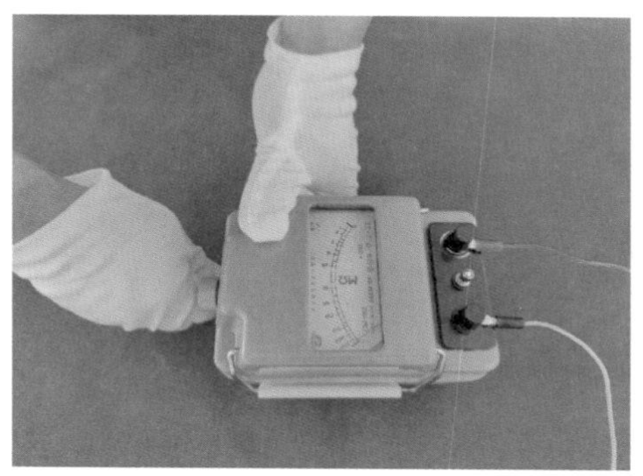

错 误 脱离后继续摇动手柄

正 确 使用放电棒对 C 相充分放电

错 误 测量完未对 C 相充分放电

正 确 将 B 相短接线转移至 C 相

错 误 接线不正确或连接不牢固

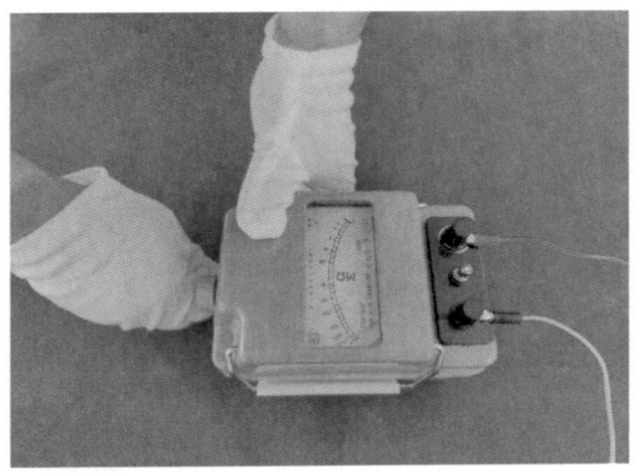

正 确 绝缘电阻表转速达到 120r/min

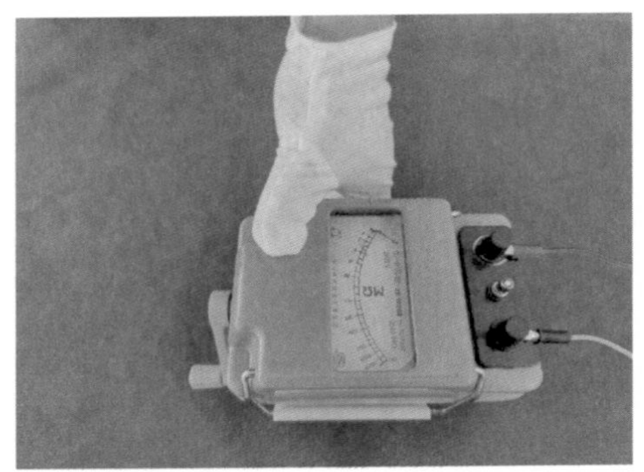

错 误 使用仪表不规范或转速不足

正 确 指挥杆上作业人员将“L”端测试线连接 B 相

错 误 未将“L”端测试线连接 B 相

正 确 摇测过程中不得碰触测量引线

错 误 摇测过程中碰触测量引线

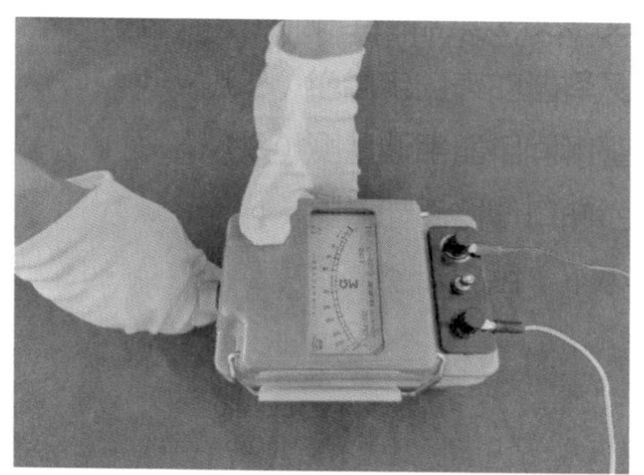

正 确 摇动绝缘电阻表 1min 读数，记录摇测电阻值

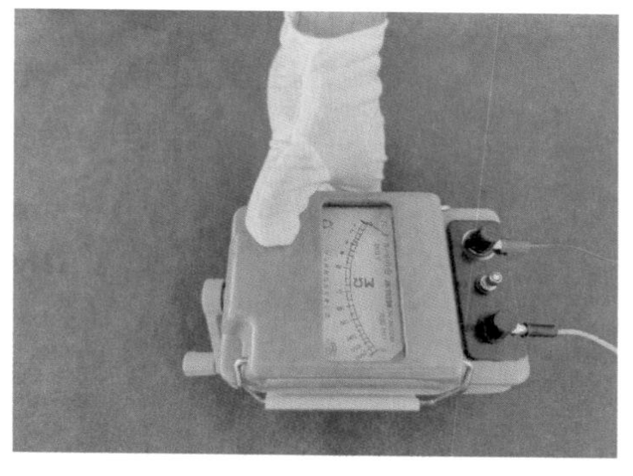

错 误 摇动绝缘电阻表未到 1min 读数（提前停摇读数）

正　确　指挥杆上作业人员将“L”端测试线脱离 B 相

错　误　“L”端测试线未脱离 B 相

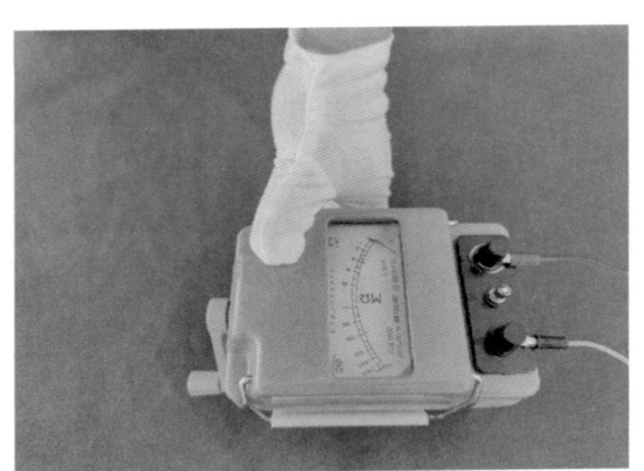

正　确　脱离后停止摇动手柄

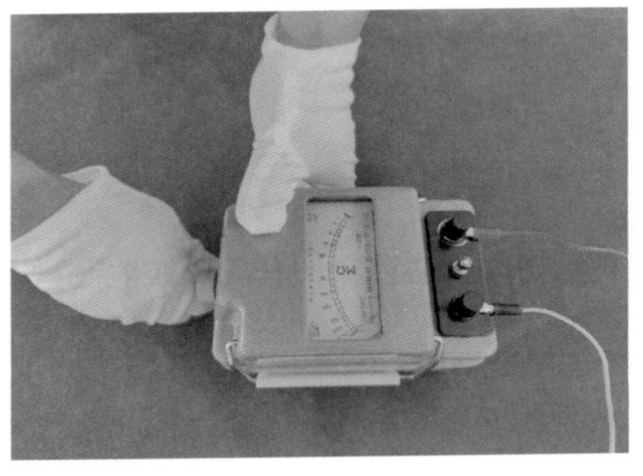

错　误　脱离后继续摇动手柄

正　确　使用放电棒对 B 相充分放电

错　误　测量完未对 B 相充分放电

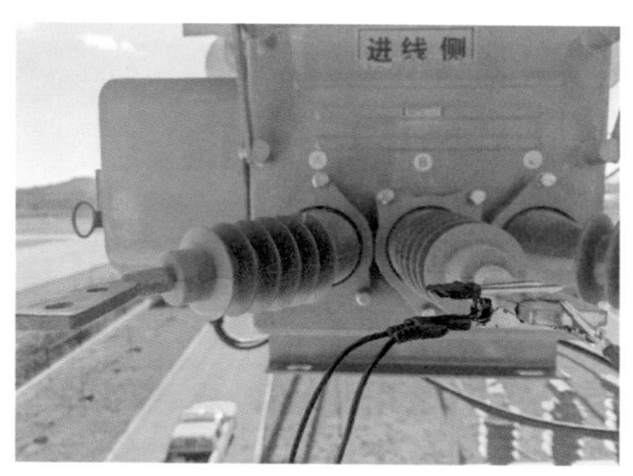

正　确　将 A 相短接线转移至 B 相

错　误　接线不正确或连接不牢固

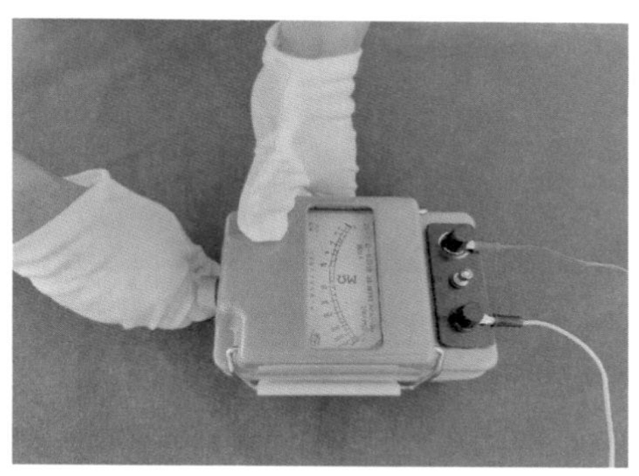

正　确　绝缘电阻表转速达到 120r/min

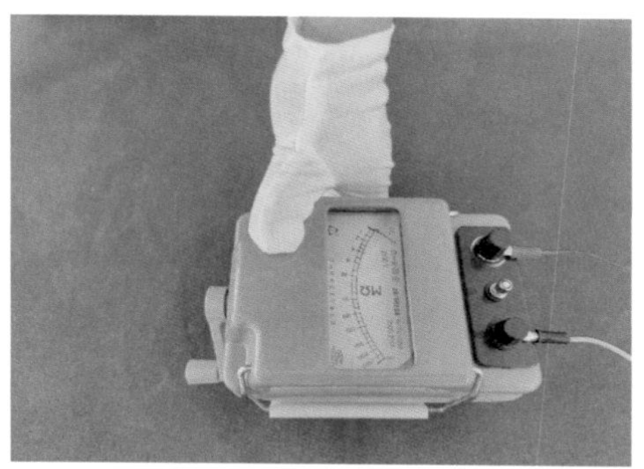

错　误　使用仪表不规范或转速不足

正　确　指挥杆上作业人员将“L”端测试线连接 A 相

错　误　未将“L”端测试线连接 A 相

正　确　摇测过程中不得碰触测量引线

错　误　摇测过程中碰触测量引线

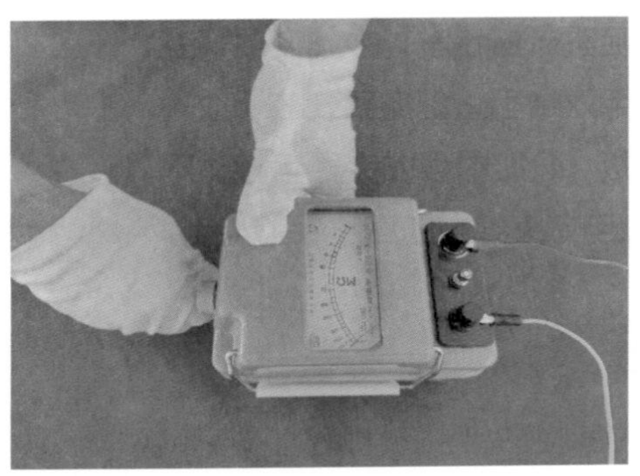

正　确　摇动绝缘电阻表 1min 读数，记录摇测电阻值

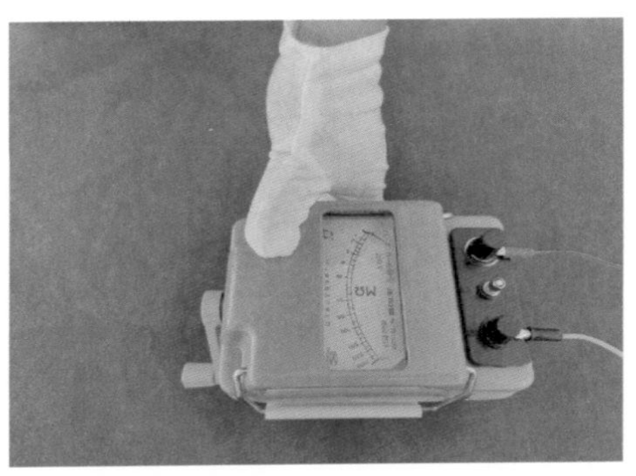

错　误　摇动绝缘电阻表未到 1min 读数（提前停摇读数）

正　确　指挥杆上作业人员将“L”端测试线脱离 A 相

错　误　将“L”端测试线未脱离 A 相

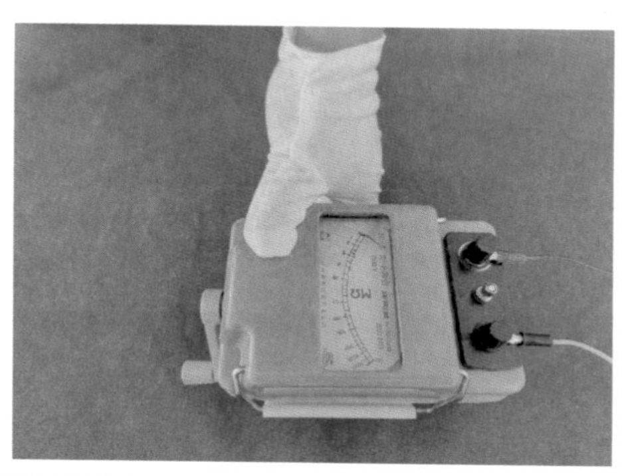

正　确　脱离后停止摇动手柄

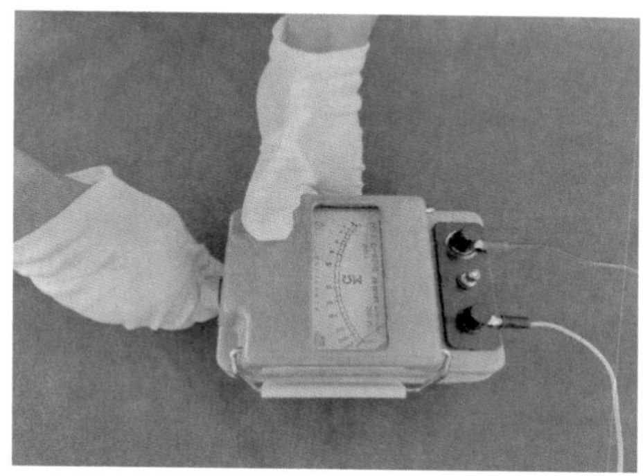

错　误　脱离后继续摇动手柄

正　确　使用放电棒对 A 相充分放电

错　误　测量完未对 A 相充分放电

正　确　拉开断路器

错　误　未拉开断路器

正　确　将负荷侧 A、B、C 三相使用短路线短接

错　误　负荷侧 A、B、C 三相未短接

正　确　将电源侧 A、B、C 三相使用短路线短接

错　误　电源侧 A、B、C 三相未短接

正　确　将绝缘电阻表“E”端测试线与负荷侧连接

错　误　接线错误或接触不良

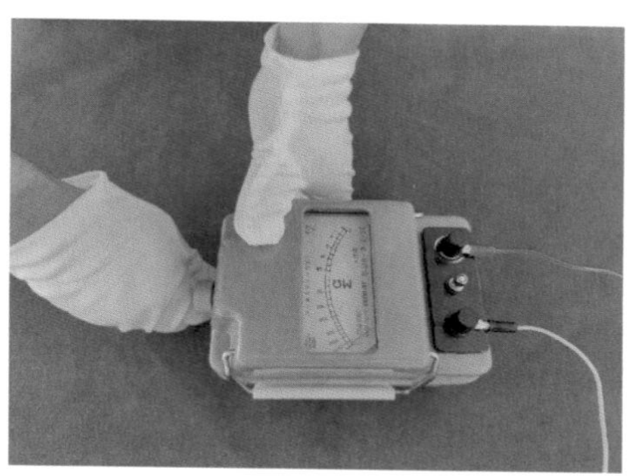

正 确 绝缘电阻表转速达到 120r/min

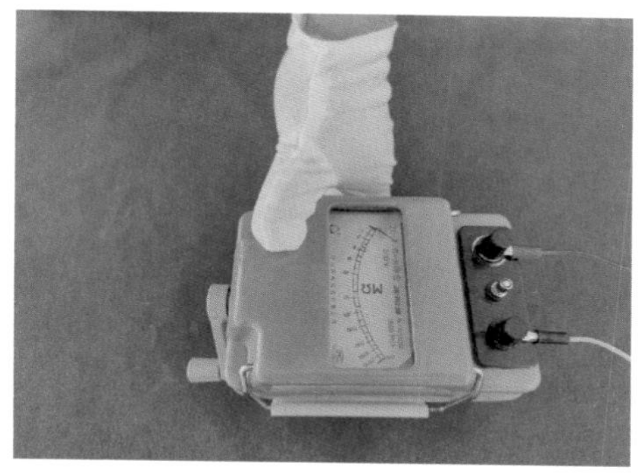

错 误 使用仪表不规范或转速不足

正 确 指挥杆上作业人员将“L”端测试线连接电源侧

错 误 未将“L”端测试线连接电源侧

正 确 摇测过程中不得碰触测量引线

错 误 摇测过程中碰触测量引线

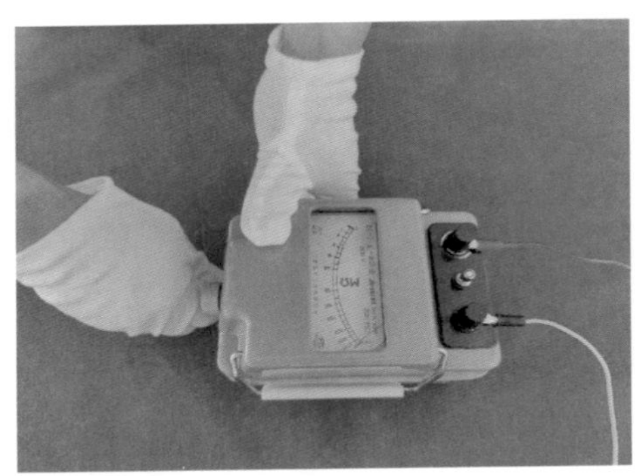

正 确 摇动绝缘电阻表1min读数，记录摇测电阻值

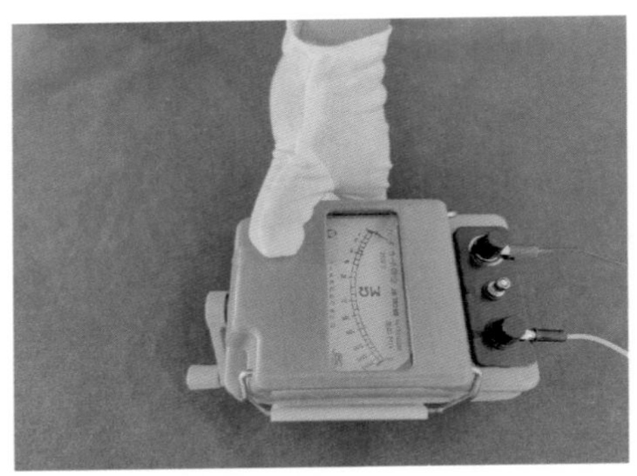

错 误 摇动绝缘电阻表未到1min读数（提前停摇读数）

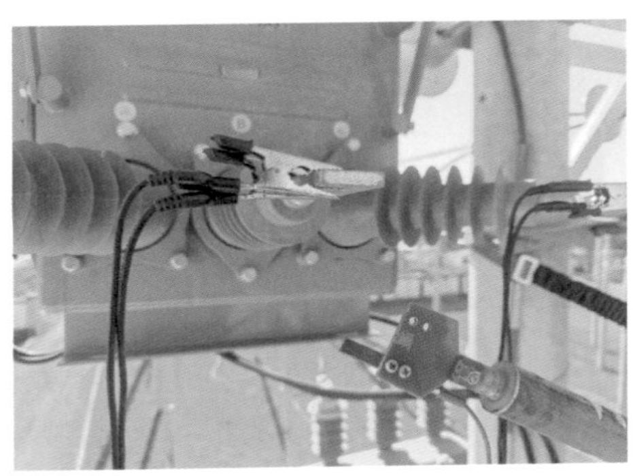

正 确 指挥杆上作业人员将“L”端测试线脱离电源侧

错 误 “L”端测试线未脱离电源侧

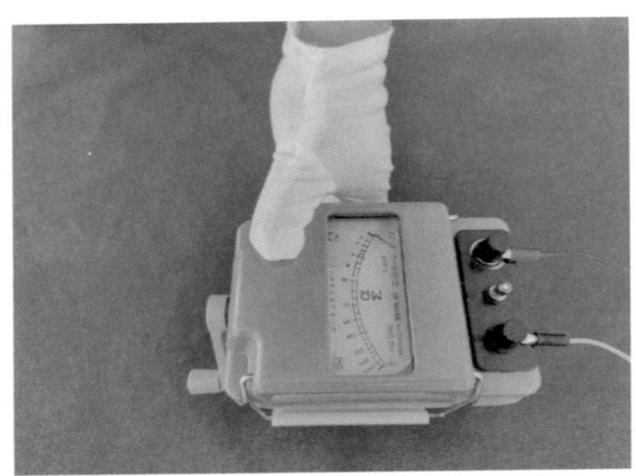

正 确 脱离后停止摇动手柄

错 误 脱离后继续摇动手柄

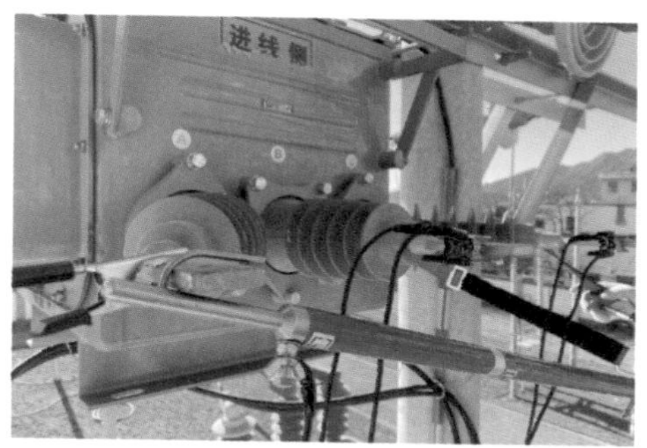

正 确 将断路器两端充分放电

错 误 断路器两端未充分放电

正 确 拆除两端测试短路线

错 误 未拆除两端测试短路线

正 确 连接断路器两端引线及控制线

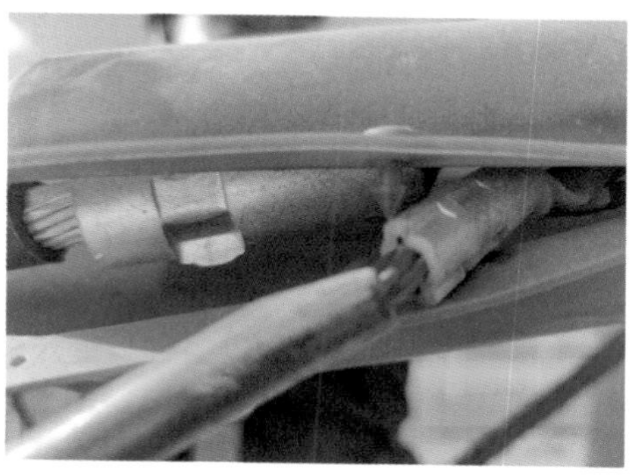

错 误 未恢复断路器两端引线绝缘防水

（7）工具传递。

正　确　工具材料传至地面

错　误　随身携带工具下杆

（8）回检。

正　确　调整引线的相间、对地满足安全距离

错　误　未调整引线，引线的相间、对地不满足安全距离

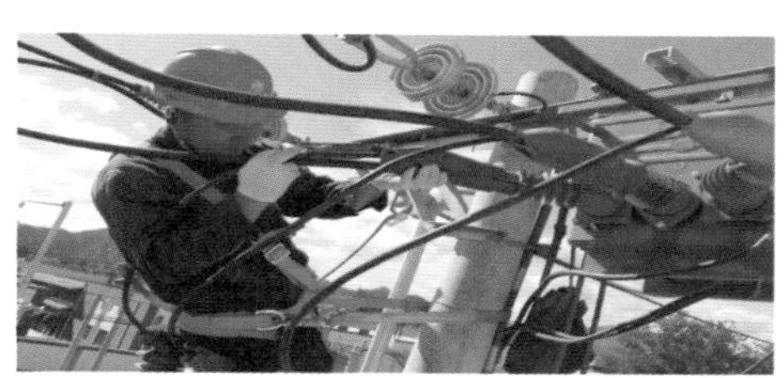

正　确　检查接头无受损，断路器绝缘子柱头绝缘罩恢复严密

错　误　未检查接头，断路器绝缘子柱头绝缘罩恢复不严密

正　确　杆上无遗留工具、材料

错　误　杆上有遗留工具、材料

正　确　恢复断路器原始分、合位置

错　误　未对断路器进行原始分、合位置的恢复

七 项目收尾工作

1. 设备复原

具体操作参考本书操作项目 01 中项目收尾工作设备复原相关内容。

2. 工具复原

正　确　工具应分类放置、码放整齐，检查工具有无损坏，清点工具有无遗漏或丢失

错　误　工具没有分类放置、码放整齐，未检查工具有无损坏，未清点工具有无遗漏或丢失

3. 现场清理

正　确　场地无遗留工具，场地整洁

错　误　场地有遗留工具，场地不整洁

装设 10kV 接地线操作

任务描述

对 10kV 停电线路验电装设接地线。

（1）该工作任务由单人登杆独立完成，操作过程不得失去后备保护；

（2）登杆工具应在检验周期内，使用全方位安全带。

操作时限

操作时限：　30min。

操作要点及其要求

1. 操作要点

（1）安全工器具、接地线及验电器的选取、检查；

（2）线路电杆、拉线的检查，双重名称的核实；

（3）绝缘手套、验电器的使用；

（4）接地线的安装。

2. 操作要求

（1）装设接地线方法及顺序正确，操作过程中，人体不得触及接地线或未接地的导线；
（2）接地线接地端钎子砸入地下深度不小于 0.6 米；
（3）验电及装设接地线过程中戴绝缘手套；
（4）架空配电线路验电、装设、拆除接地线应有人监护。

四 准备工作

1. 项目场地要求

（1）现场架设线路 3 基，采用 ϕ190mm × 12m 电杆，杆型依次为终端杆、直丁杆、终端杆；导线三角排列。
（3）直丁杆支线侧已安接地环。

2. 项目设备要求

（1）工作点两侧的开关、断路器、熔断器或隔离开关均应在分闸位置，并悬挂“禁止合闸，线路有人工作”标识牌。
（2）工作点应在地线保护范围内。

3. 项目工具要求

（1）手锤。

正 确 锤头与锤柄连接牢固

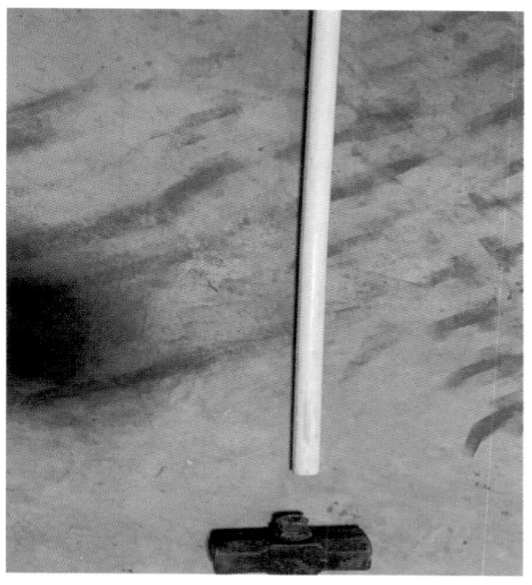

错 误 连接不牢固

（2）高压验电器。

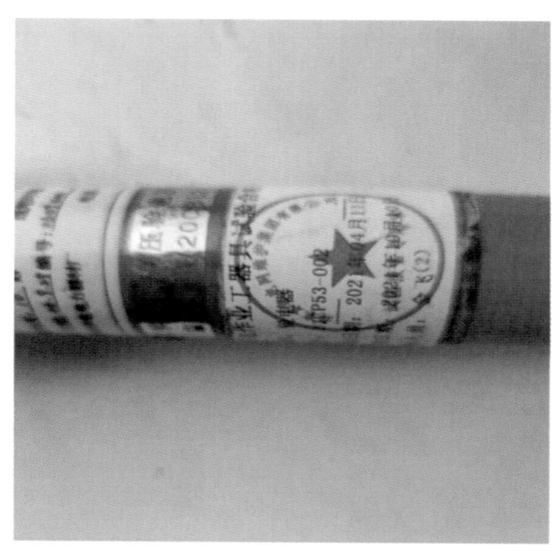

正 确 检查 10kV 验电器在有效试验周期内

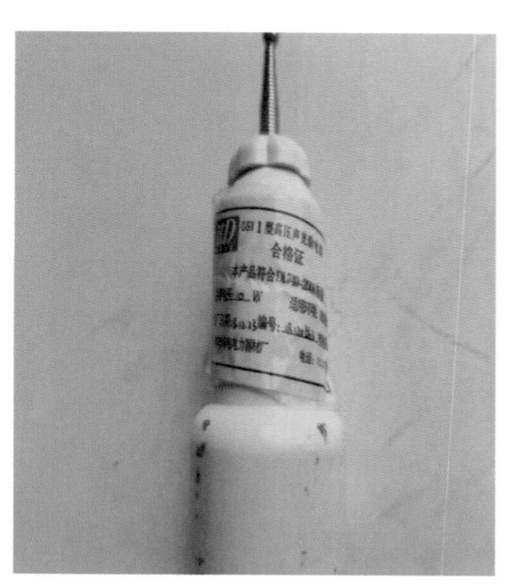

错 误 10kV 验电器不在有效试验周期内

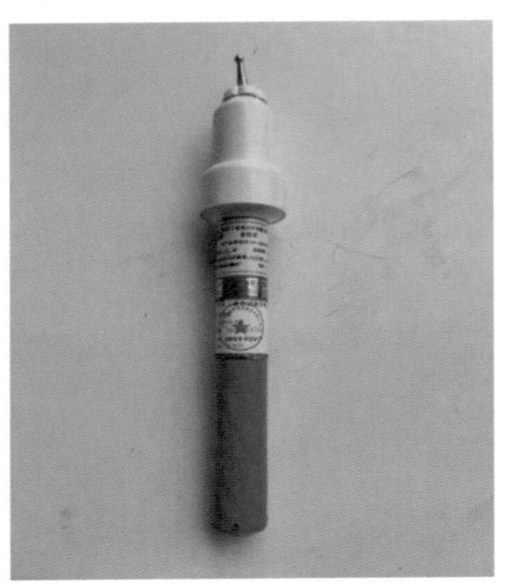

正 确 检查 10kV 验电器外观无破损

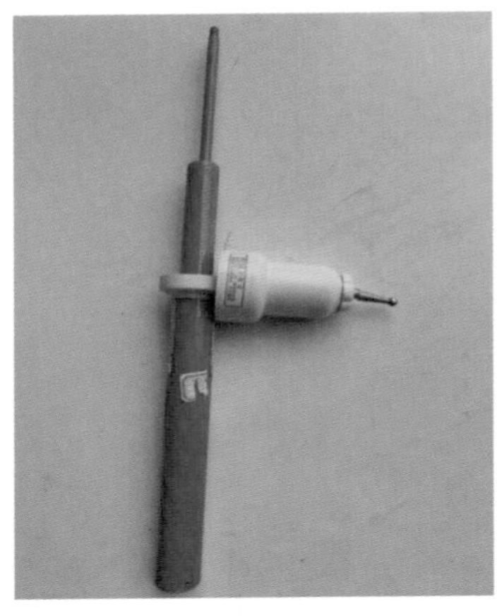

错 误 10kV 验电器外观破损

正 确 10kV 验电器使用前，做声光试验

错 误 10kV 验电器使用前，未做声光试验

（3）高压、低压接地线。

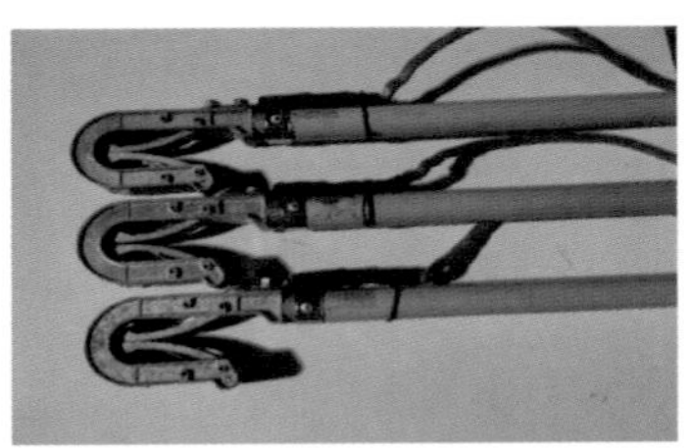

正 确 检查接地线外观无破损，无锈蚀，无变形，绝缘无破损，无断股，螺栓压接牢固，地线钩子灵活，绝缘杆无损坏

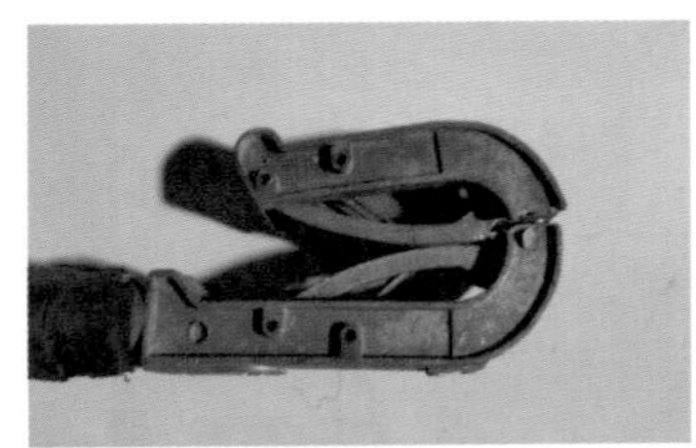

错 误 地线钩子损坏

正　确 检查接地线在有效试验周期内

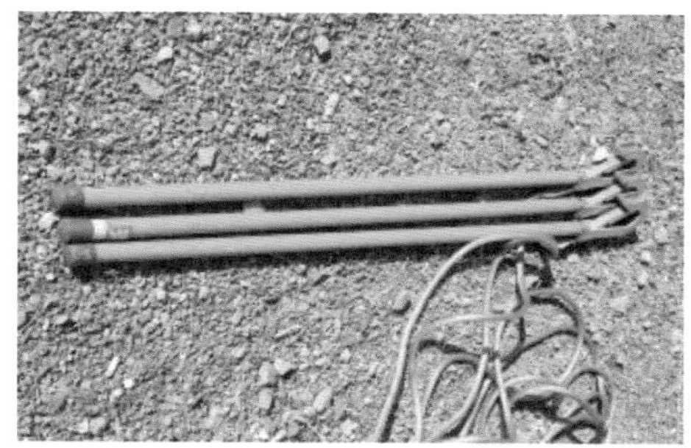

错　误 接地线不在有效试验周期内

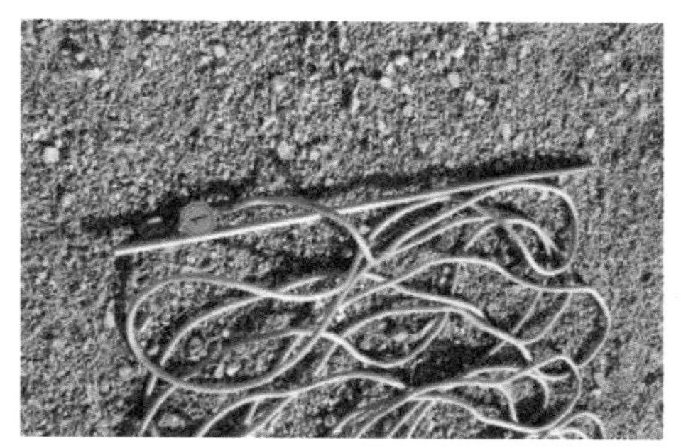

正　确 检查接地线有编号

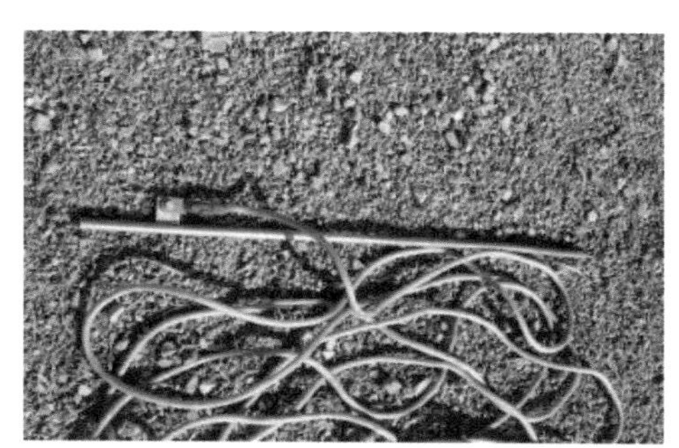

错　误 接地线没有编号

（4）传递绳。

具体操作步骤详见本书公共部分内容。

（5）绝缘手套。

具体操作步骤详见本书操作项目 06 中项目工具要求绝缘手套的相关内容。

（6）脚扣。

具体操作步骤详见本书公共部分内容。

（7）全方位安全带。

具体操作步骤详见本书公共部分内容。

五 危险点及安全措施

1. 危险点描述

序号	危险点	描述
1	触电	误登带电杆塔造成人员直接触电或感应触电
		未正确使用验电器，挂接地线过程中触碰接地线或导线
2	高摔	人员失去安全保护
		脚扣打滑，人员由高处顺杆滑落
3	物品坠落	工具材料未固定好
		传递绳绑扎不牢固
4	倒杆	电杆埋深不足或裂纹严重
		拉线受力不正常

2. 安全措施

（1）针对触电采取的安全措施：

1）核对路名、色标、杆号正确无误；

2）确认工作线路已停电、验电、装设接地线悬挂标识牌；

3）如有需要穿越的线路也应停电、验电、装设接地线。

（2）针对高摔采取的安全措施：

1）登杆前对脚扣、安全带做冲击试验；

2）登杆第一步开始全程使用安全带，不得失去安全保护；

3）到达工作位置后应先系好后备保护绳；

4）登杆过程防止脚扣打滑；

5）安全带及后备保护绳不应低挂高用；

6）穿越障碍时不得失去安全保护。

（3）针对物品坠落采取的安全措施：

1）上下传递物品应使用传递绳；

2）工具、材料未挂牢前不得失去绳索保护；

3）绳扣系法正确；

4）工具材料接触地面时应轻缓。

（4）针对倒杆采取的安全措施：

1）登杆前检查电杆无横纵向裂纹，埋深满足要求；

2）检查拉线受力正常。

六 项目操作步骤

（1）安全措施。

正 确 核实电缆对端断路器等控制开关设备已断开并悬挂标示牌和装设遮拦

错 误 未核实线开关设备情况；未悬挂标示牌和装设遮拦

（2）登杆前检查。

具体操作步骤详见本书公共部分内容。

（3）登杆作业。

具体操作步骤详见本书公共部分内容。

（4）到达作业位置。

正 确 选择作业位置合理

错 误 作业位置过低

正 确 做好后备保护

错 误 未做后备保护

正 确 作业侧为承重腿且在下

错 误 作业侧承重腿在上

（5）工具传递。

正 确 工具材料使用传递绳传递

错 误 人员随声携带工具上杆

正 确 将传递绳固定在可靠位置

错 误 传递绳固定在身上

正　确　传递绳无缠绕

错　误　传递绳缠绕

（6）验电。

正　确　验电过程中戴绝缘手套

错　误　验电过程中未戴绝缘手套

正 确 验电笔打开及握验电笔的握姿正确（手不超护手环）

错 误 验电笔打开及握验电笔的握姿不正确（手超护手环）

正 确 验电顺序由近及远、由下及上

错 误 验电顺序不正确

（7）装设接地线。

正 确 装设接地端时，正确使用手锤

错 误 使用手锤时戴手套

正 确 先将接地端钎子打入地下，深度不得小于 0.6m

错 误 接地钎子打入地下深度小于 0.6m

正 确 正式装设前，将导线端轻触导线接地环，再次验证线路无电

错 误 未将导线端轻触导线接地环，直接挂接

正 确 提升过程中，接地线不许磕碰电杆

错 误 提升过程中，接地线磕碰电杆

正 确 挂接地线过程中戴绝缘手套

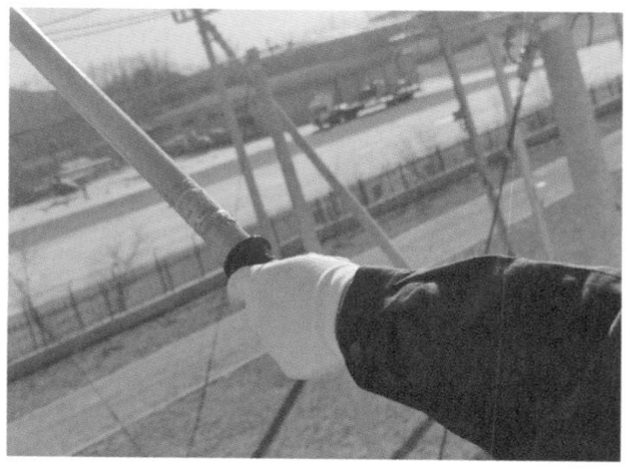

错 误 挂接地线过程中未戴绝缘手套

正 确 装设接地线顺序正确，由近及远，由上及下

错 误 装设接地线顺序错误

正 确 挂接操作过程中，人体不得触及接地线或未接地的导线

错 误 挂接操作过程中，人体触及接地线或未接地的导线

七 项目收尾工作

1. 设备复原

（1）拆除接地线。

正 确 应拆除的接地线已全部拆除

错 误 应拆除的接地线未全部拆除

（2）标识牌。

正 确 应拆除的标识牌已拆除

错 误 应拆除的标识牌未拆除

（3）送电。

正 确 拉开的断路器、隔离开关已合上

错 误 拉开的断路器、隔离开关未合上

2. 工具复原

正　确　工具应分类放置、码放整齐，检查工具有无损坏，清点工具有无遗漏或丢失

错　误　工具没有分类放置、码放整齐，未检查工具有无损坏，未清点工具有无遗漏或丢失

3. 现场清理

正　确　场地无遗留工具，场地整洁

错　误　场地有遗留工具，场地不整洁

GJ-50mm² 拉线上把制作

一 任务描述

在指定场地独立完成拉线上楔型制作。

（1）根据电杆高度计算钢绞线的长度，制作楔型线夹；

（2）该工作任务由单人操作，独立完成。

二 操作时限

操作时限： 25min。

三 操作要点及其要求

1. 操作要点

（1）安全工器具、操作工具的检查。

（2）弯曲钢绞线及放入上楔板并拉紧至楔型入位的安装过程。

（3）钢绞线断头绑扎是否牢固。

（4）尾线绑扎。

2. 操作要求

（1）在钢绞线上量出弯曲部位尺寸，尺寸应符合操作要求，弯曲钢绞线穿入楔板，楔板穿入方向正确。

（2）钢绞线穿入并用木锤敲击紧实，使用木锤时对面不得站人、握锤的手不得戴手套。

（3）尾线应在凸肚处，露出线夹 200mm±10mm，钢绞线与楔块接触紧密无明显缝隙、松脱、灯笼；线尾与主线正确绑缠 20mm±2mm，无鼓肚、缝隙，尾线绑扎距线头 50mm，小辫拧 3～5 花压平位于两线中间，制作完两线应自然平整，无变形，且无镀锌损伤。

四 准备工作

1. 项目场地要求

场地平整，周边无带电设备。

2. 项目工具要求

（1）断线剪。

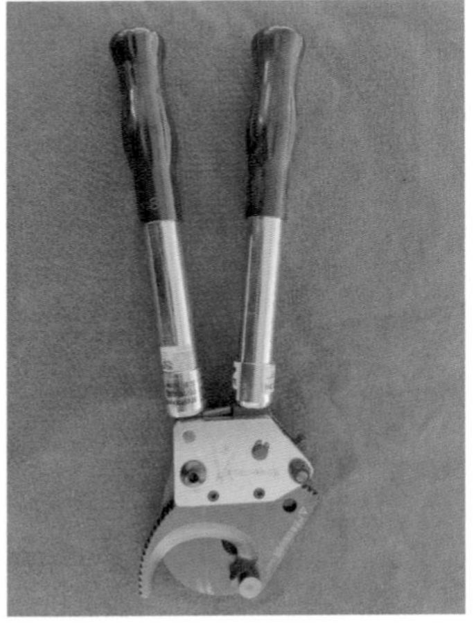

正 确 大剪的刀口刀刃应对口完整，以保证剪切钢绞线顺利

错 误 刀刃受损或不对口，易造成钢绞线散股

（2）木锤。

正 确 手柄完好，锤头无破损且无松动

错 误 锤柄松动，锤头缺损

（3）钢卷尺。

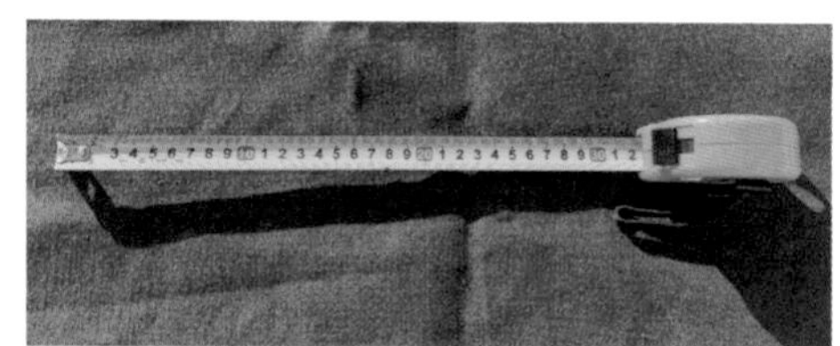

正 确 刻度清晰、外观无破损

错 误 刻度模糊，测量精度不准确

（4）钳子。

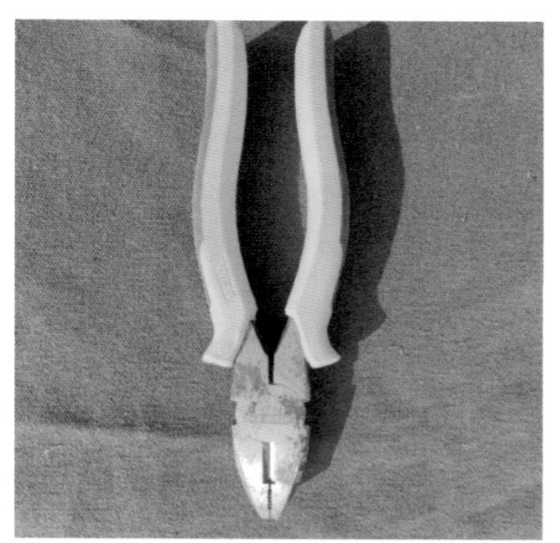

正 确 手柄绝缘套无破损，钳口锋利

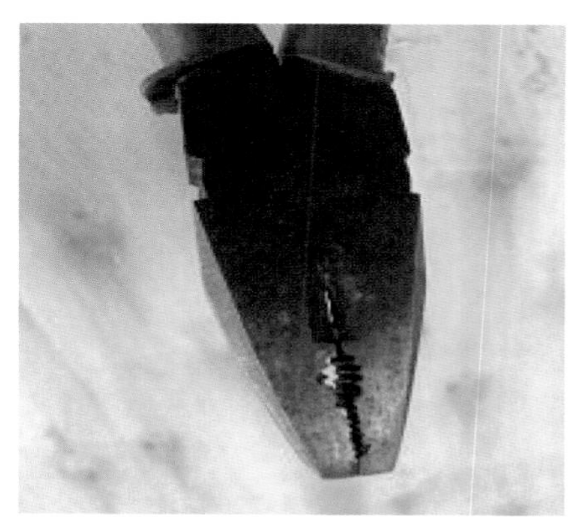

错 误 钳口滞钝

（5）记号笔。

正 确 外观无破损、墨水充足

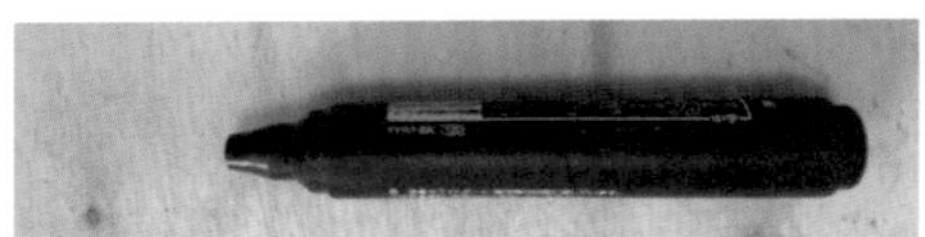

错 误 外观破裂，墨迹模糊

3. 项目材料要求

（1）钢绞线。

正 确 无断股，锈蚀，缺损

错 误 变形锈蚀

（2）楔型线夹。

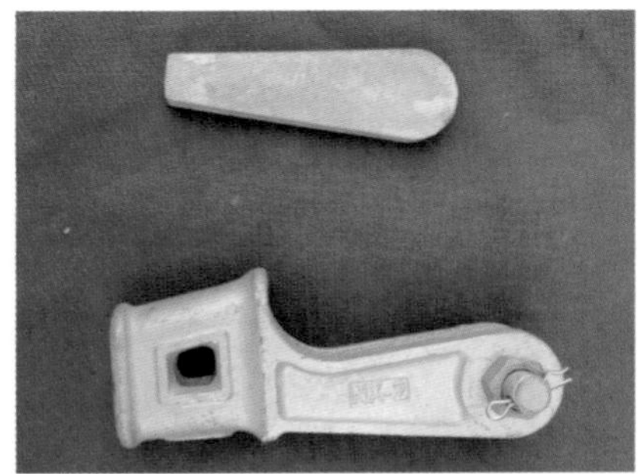

正 确 镀锌完好，部件齐全无变形

错 误 部件不齐全，锈蚀

（3）绑扎线。

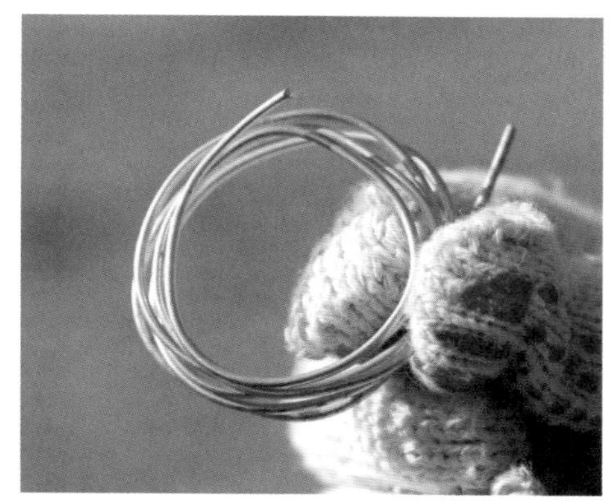

正 确 镀锌完好

错 误 有腐蚀

五 危险点及安全措施

1. 危险点描述

有扎伤的危险。

（1）弯曲钢绞线时未抓握紧实造成回弹划伤身体。

（2）弯曲钢绞线时，对面有人，造成钢绞线回弹伤及他人。

2. 安全措施

针对扎伤采取的安全措施如下。

（1）弯曲钢绞线时手应握牢，防止回弹伤人。

（2）弯曲钢绞线时对面不得有人。

（3）钢绞线头严禁抛掷。

六 操作项目步骤

（1）测量。

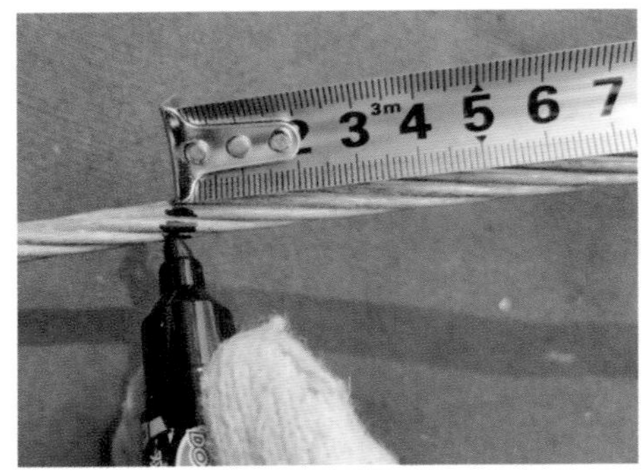

正　确　用盒尺测量出钢绞线尾端露出 200mm 加楔形内部至弧顶的距离，用记号笔做好标记，确定弯曲点

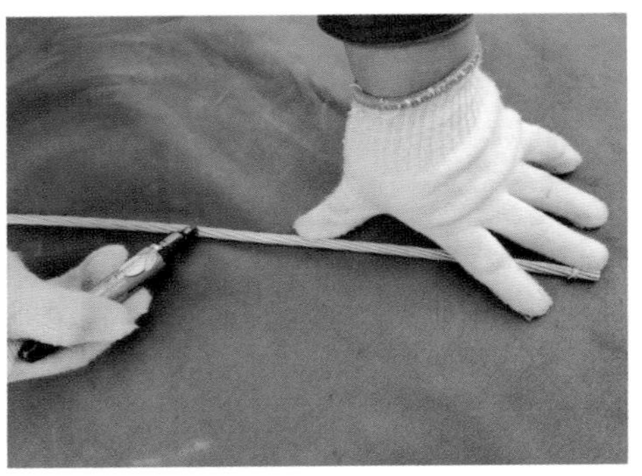

错　误　用手测量，不准确

（2）弯曲。

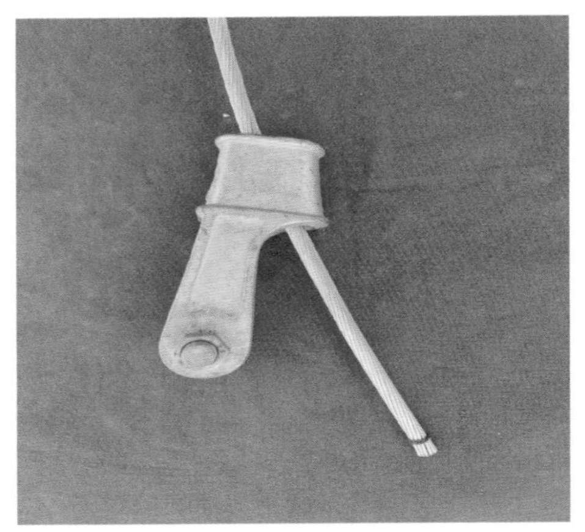

正　确　钢绞线穿入楔型线夹方向正确（由楔型平口侧穿入，由鼓肚侧穿出）

错　误　钢绞线穿入楔型线夹方向错误（由鼓肚侧穿入）

正　确　一只手正手握住预弯钢绞线标记处，另一只手反手握住钢绞线的尾端，进行钢绞线的弯制

错　误　用握臂力器方式握钢绞线

正　确　收紧反手握住钢绞线的手臂，弯曲钢绞线，使标记处在弧顶位置

错　误　标记未在弧顶，造成钢绞线露出楔型线夹标记偏离弧顶位置

正 确 钢绞线弯曲时应抓紧握实

错 误 钢绞线弯曲时未抓握紧实

正 确 弯曲时，对面不应有人或重要设备，防止钢绞线脱手伤及他人或损伤设备

错 误 弯曲时，对面有人

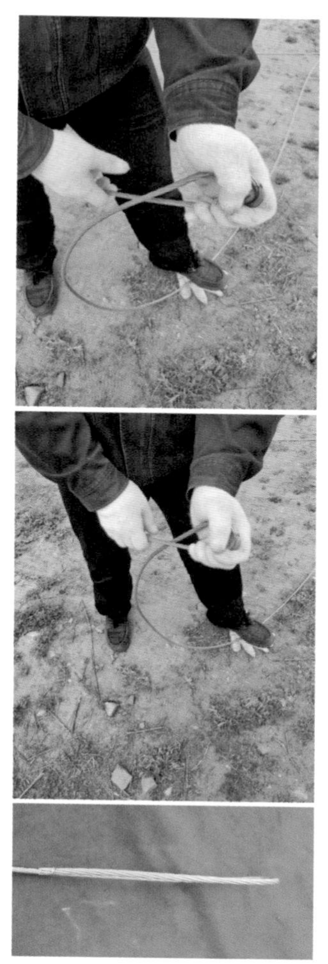

正 确 将钢绞线尾端在主线两侧反复弯曲调整至尾线与主线在一平面上

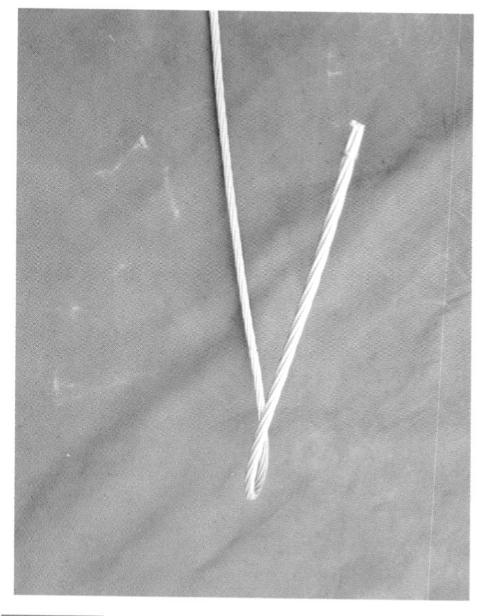

错 误 尾线与主线形成螺旋状

正 确 将钢绞线尾线穿入楔型线夹，确保尾线在鼓肚侧

错 误 钢绞线尾线未在楔型线夹鼓肚侧，钢绞线未顺向受力

正　确　为防止破坏镀锌层，应使用木锤敲击且不得戴手套

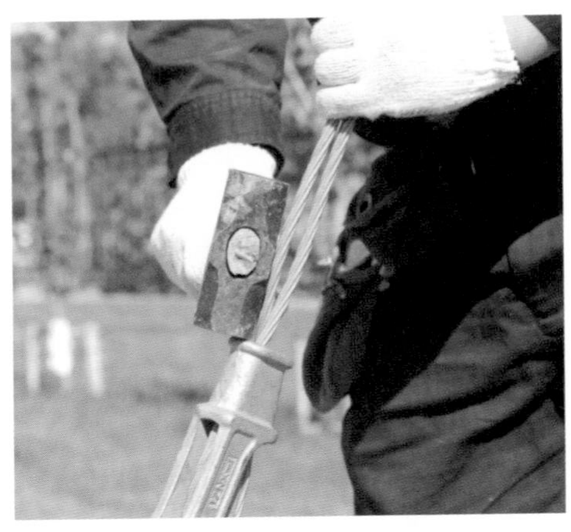

错　误　使用金属锤敲击，破坏镀锌层。使用手锤时戴手套，容易脱手

正　确　钢绞线与楔板接触紧密无缝隙

错　误　钢绞线与楔板接触不紧密，有缝隙

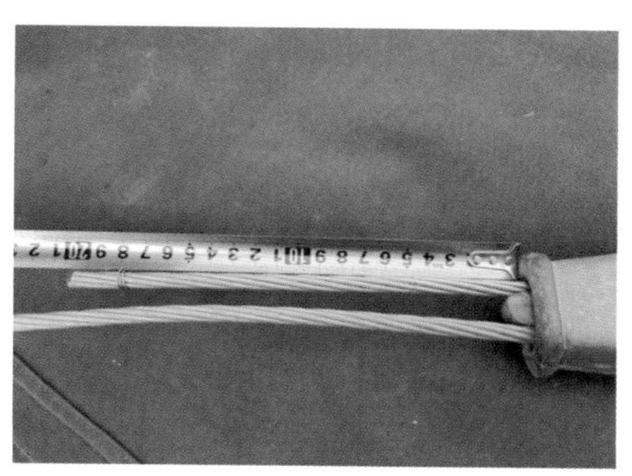

正 确 尾线露出线夹 200mm±10mm

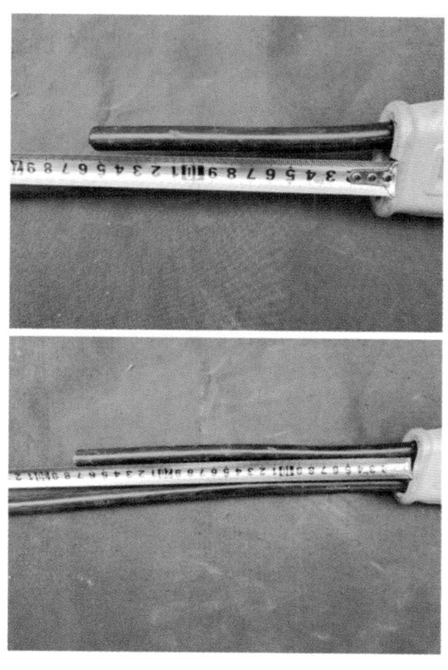

错 误 尾线露出线夹不满足要求

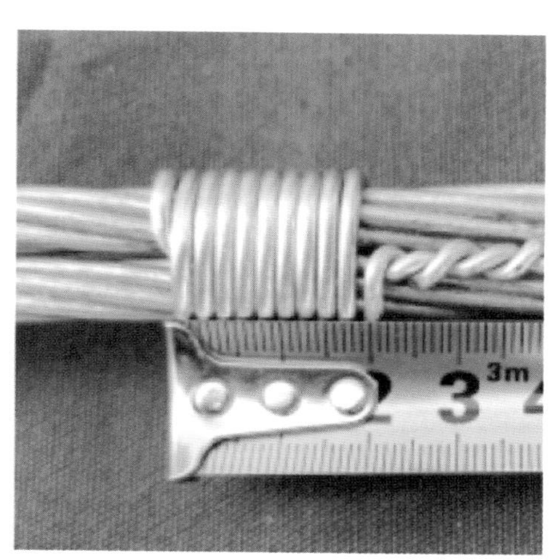

正 确 尾线与主线绑缠长度为 20mm±2mm

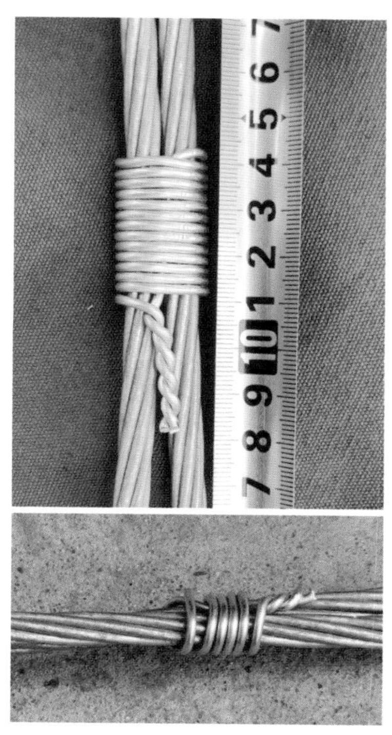

错 误 尾线与主线绑缠长度不满足要求

正　确　尾线与主线正确绑缠无鼓肚、缝隙

错　误　尾线与主线绑缠有鼓肚、缝隙

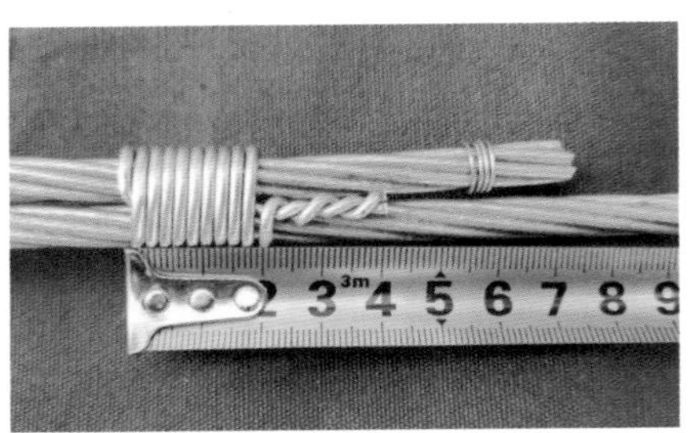

正　确　尾线绑扎距线头 50mm，小辫拧 3～5 花压平位于两线中间

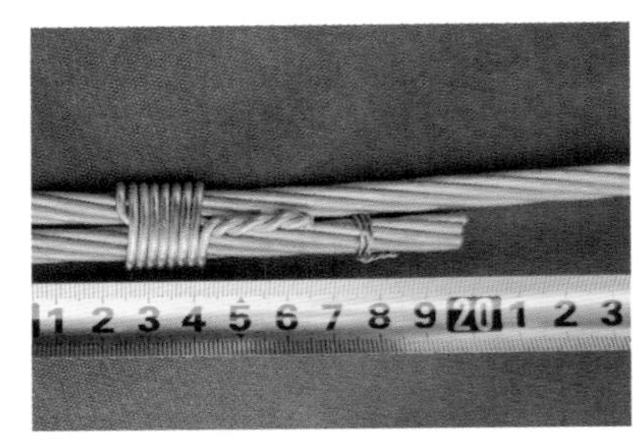

错　误　绑扎与尾线头距离不满足要求

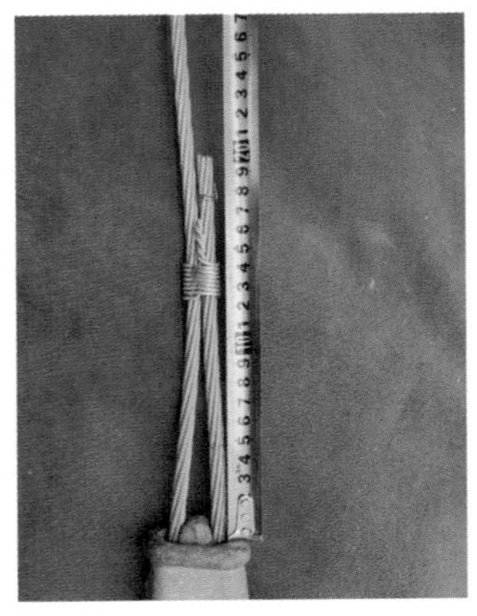

正　确　制作完毕，尾线与主线应平直，无变形，且无镀锌损伤

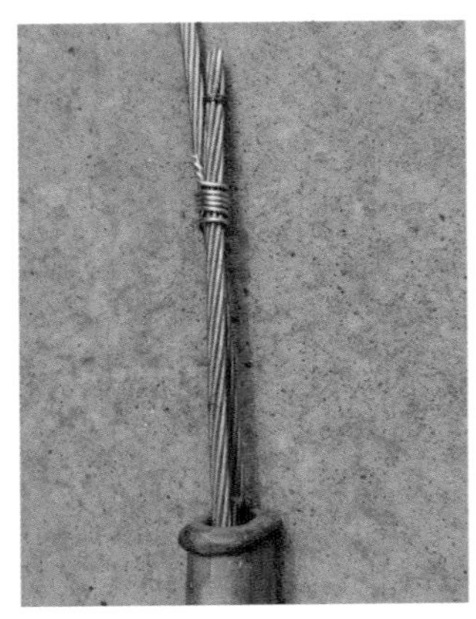

错　误　尾线与直线扭绞，影响绑扎紧密程度

（3）回检。

正　确　楔块无松动

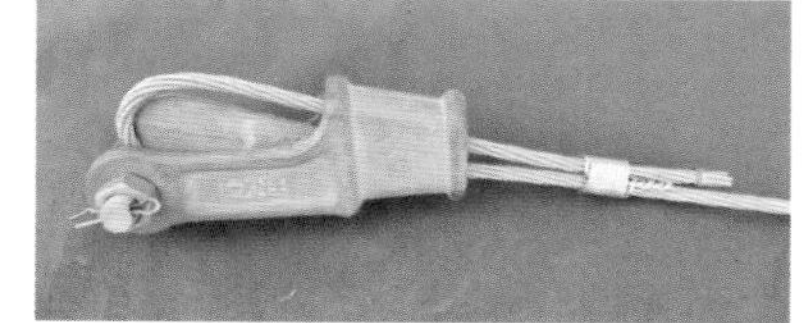

错　误　楔块脱落

收尾工作

1. 设备复原

无。

2. 工具复原

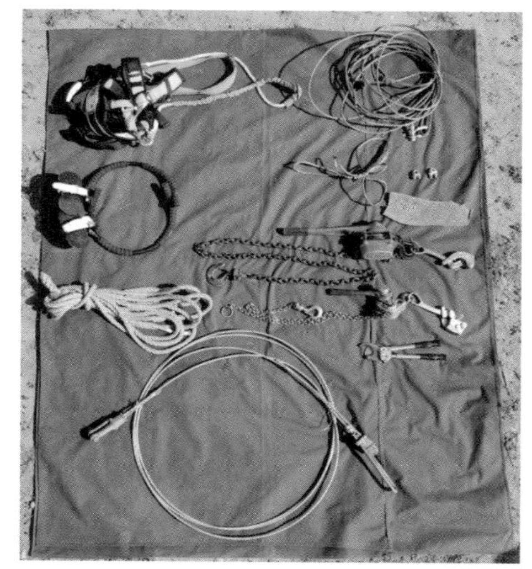

正　确　工具应整理并分类放置

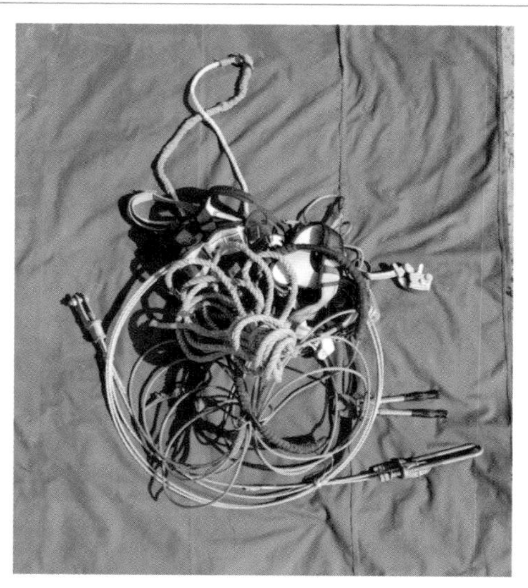

错　误　工具未整理，且未分类摆放

3. 现场清理

正 确 场地无遗留工具且整洁

错 误 场地有遗留工具且不整洁

操作项目 10

更换 GJ-35mm^2 拉线操作

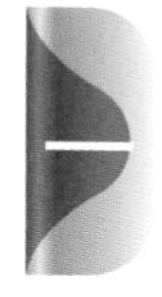

任务描述

原有拉线出现锈蚀现象需要更换。

（1）要求装设临时拉线，临时拉线在永久拉线全部安装完毕后方可拆除；

（2）GJ-35mm^2 拉线更换完毕后应满足施工质量标准；

（3）该工作任务由单人登杆独立完成，设专人监护。

操作时限

操作时限：30min。

操作要点及其要求

1. 操作要点

（1）安全工器具、施工机具的检查和使用。

（2）临时拉线的制作。

（3）UT 线夹的制作。

（4）连接受力的检查。

2. 操作要求

（1）临时拉线应将钢丝绳缠绕电杆 2 圈后，用卸扣锚固，再用紧线器将临时拉线收紧，在拉线棒上装 1 只卸扣锚固临时拉线，要求不影响正式拉线；
（2）临时拉线受力应略大于待更换拉线，受力检查无问题后将余绳在拉线棒处做好后备防护，方可拆除旧拉线。

四 准备工作

1. 项目场地要求

（1）现场架设线路 3 基，采用 ϕ190mm × 12m 电杆，杆型依次为终端杆、直线杆、终端杆；导线三角排列；
（2）杆基已安装好拉线。

2. 项目设备要求

（1）工作点两侧控制的开关、断路器、熔断器或隔离开关均应在分闸位置并悬挂“禁止合闸，线路有人工作”标识牌；
（2）工作点应在地线保护范围内；
（3）制作拉线上方无交叉跨越。

3. 项目工具要求

(1) 紧线器。

正 确 吊钩、链条、传动装置及刹车装置良好

错 误 部件失灵

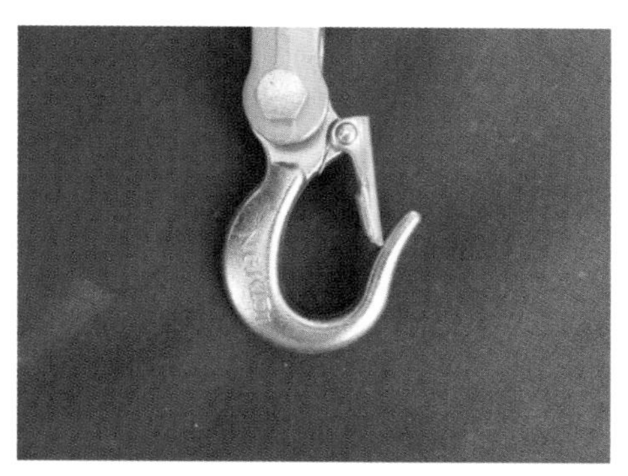

正 确 吊钩封口完好可靠

错 误 吊扣失灵

（2）卡线器。

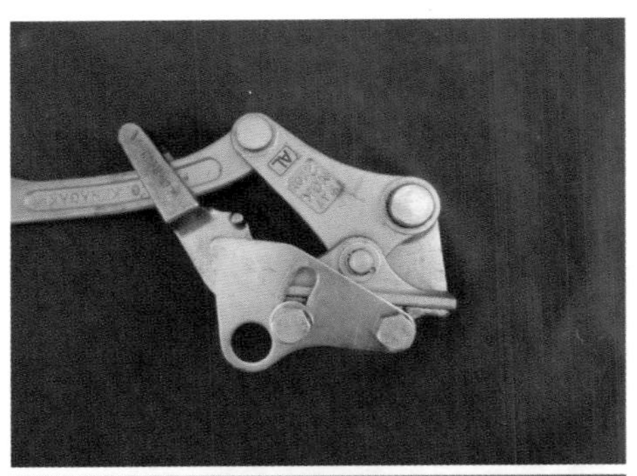

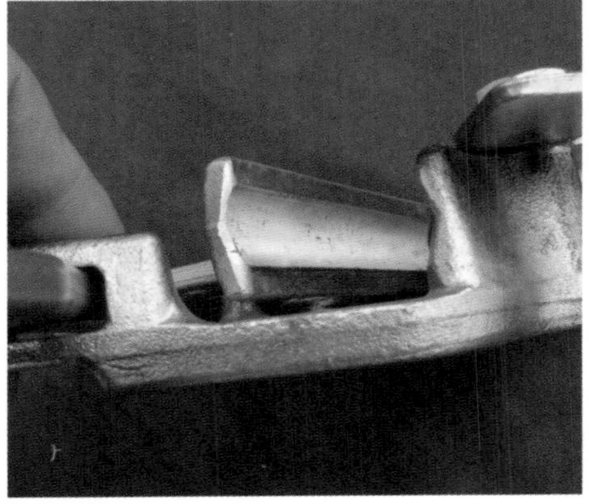

正　确　卡线器钳口无磨平，可有效夹持绝缘导线

错　误　使用裸导线卡线器，不能夹持绝缘导线，易跑线

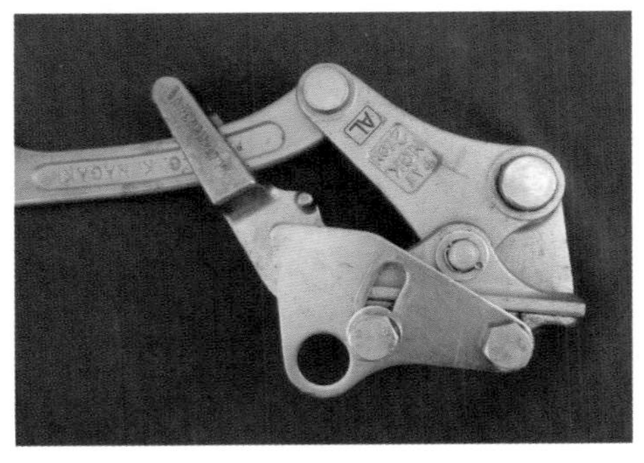

正　确　使用的卡线器正确

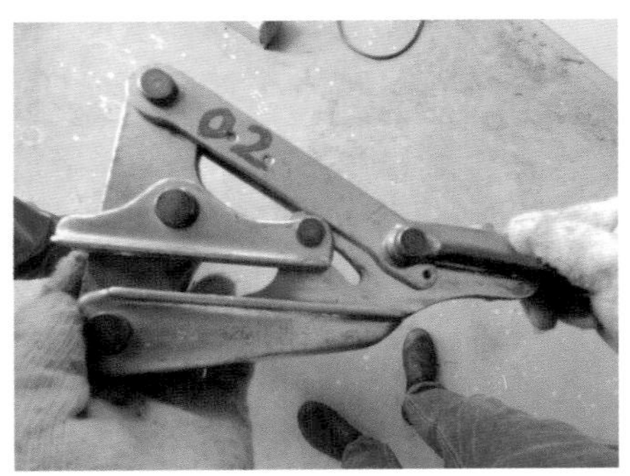

错　误　选择的卡线器不正确

（3）承力绳套。

正　确 钢丝绳无断股、灼伤或磨损严重，承力绳套无断股、断丝

错　误 钢丝绳有断股、灼伤或磨损严重，承力绳套有断股、断丝在受力后容易断裂

（4）钢丝绳。

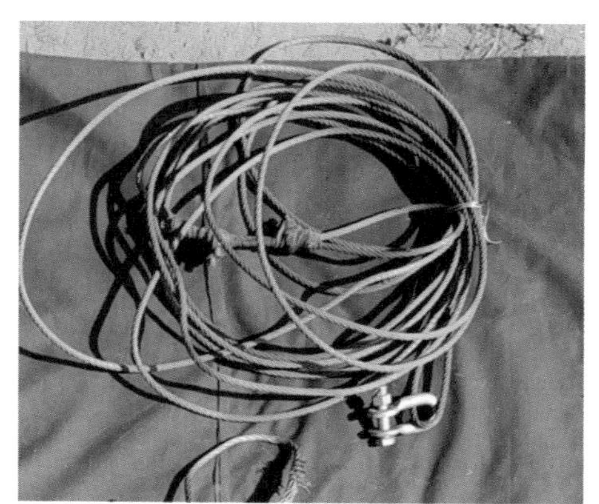

正　确 钢丝绳无断股、灼伤或磨损严重。满足所更换拉线的拉力

错　误 钢丝绳断丝严重，在使用过程易断裂，造成倒杆事故

（5）卡豆。

正　确　与钢丝绳匹配，丝扣能够拧紧

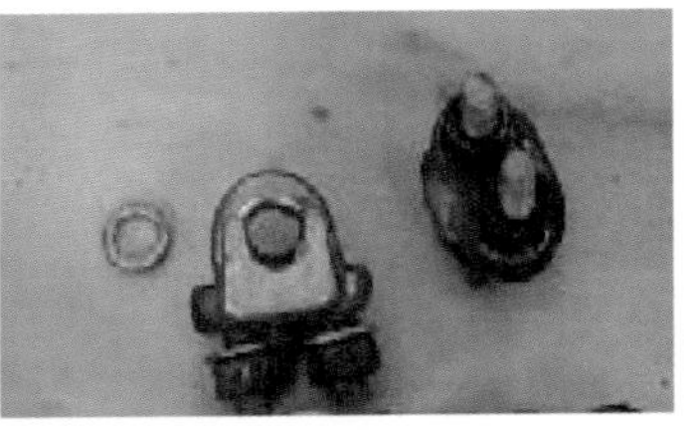

错　误　锈蚀，不能可靠紧固

（6）断线剪。

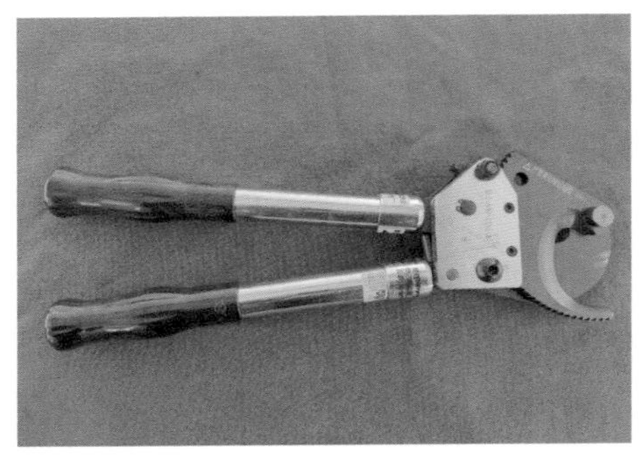

正　确　大剪的刀口应对口，刀刃完整，以保证剪切钢绞线顺利

错　误　刀刃受损或不对口，易造成钢绞线散股

（7）木锤。

正　确　手柄完好，锤头无破损且无松动

错　误　锤柄松动，锤头缺损

（8）钢卷尺。

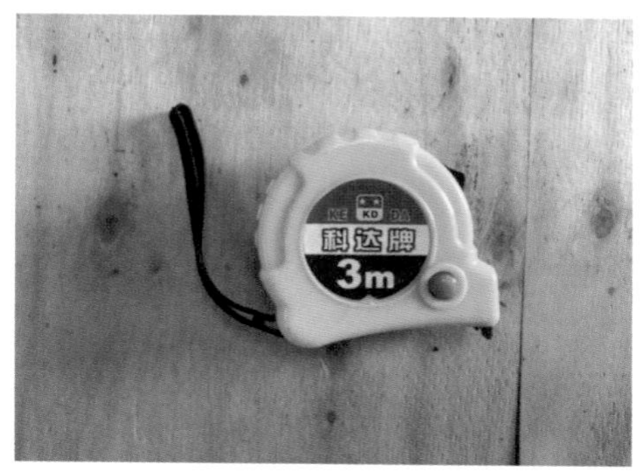

正　确　刻度清晰、外观无破损

错　误　刻度模糊，测量精度不准确

（9）记号笔。

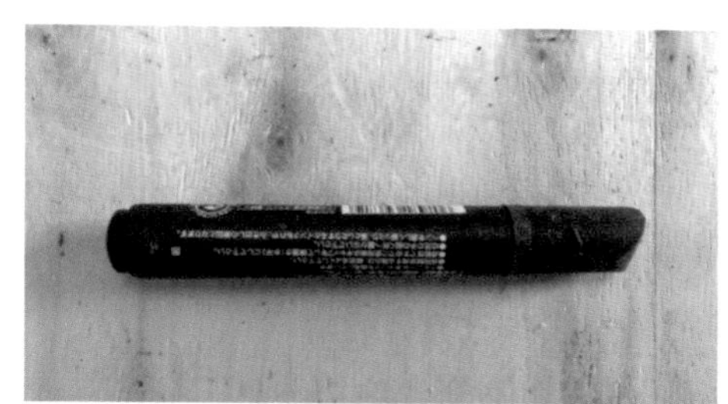

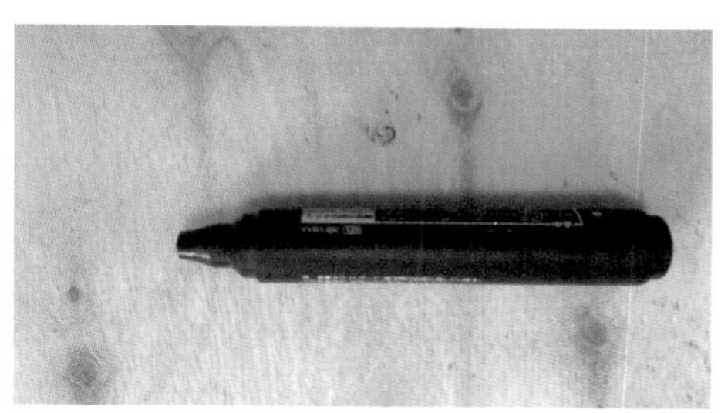

正　确　外观无破损、墨水充足

错　误　外观破裂，墨迹模糊

（10）毛巾。

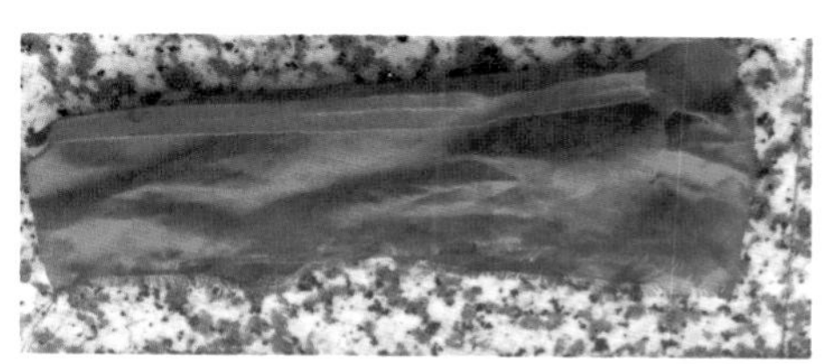

正　确　厚实满足防磨要求

错　误　薄，不满足防磨要求

4. 材料要求

（1）已制作好上把的拉线。

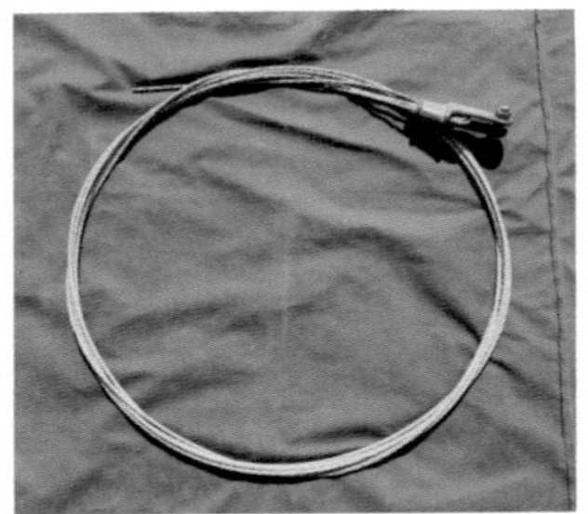

正　确　无断股，锈蚀，缺损

错　误　变形锈蚀

（2）UT 线夹。

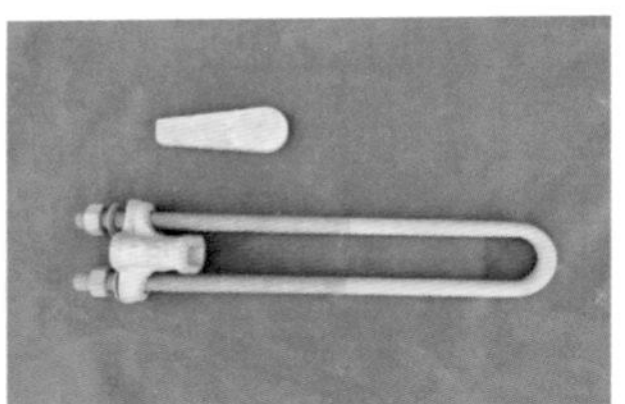

正　确　UT 楔型线夹镀锌良好、螺丝口完好不卡涩，匹配钢绞线

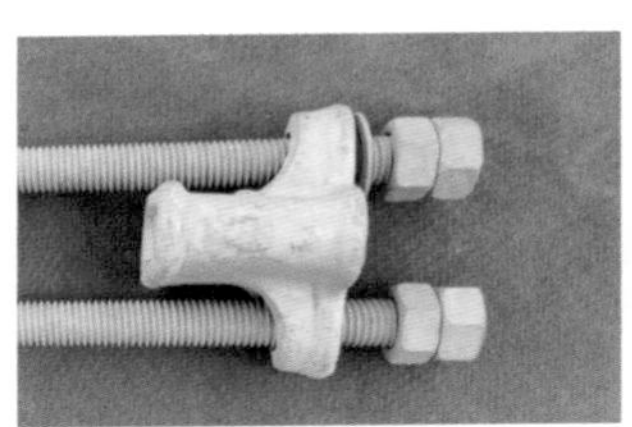

错　误　UT 线夹配件缺失，与钢绞线不匹配

（3）绑扎线。

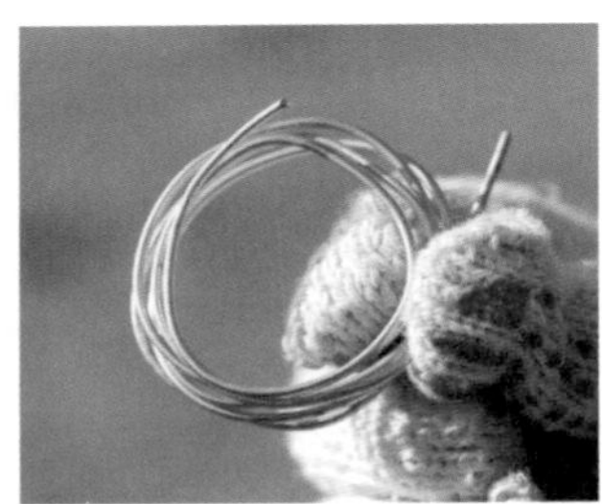

正　确　镀锌完好

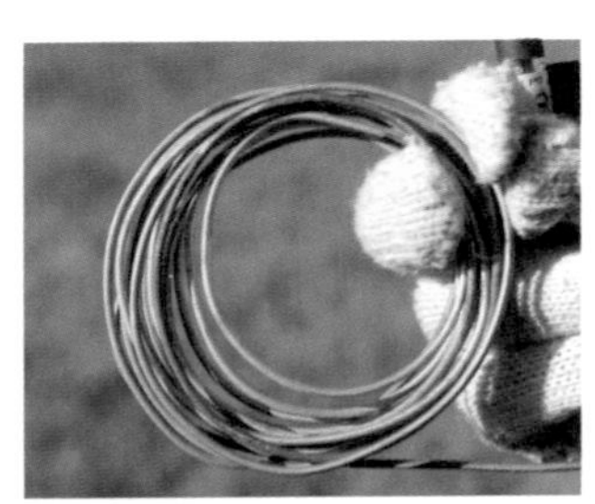

错　误　有腐蚀

五 危险点及安全措施

1. 危险点描述

序号	危险点	描述
1	触电	误登带电杆塔造成人员直接触电或感应触电
		未正确使用验电器，挂接地线过程中触碰接地线或导线
2	高摔	人员失去安全保护
		脚扣打滑，人员由高处顺杆滑落
3	物品坠落	工具材料未固定好
		传递绳绑扎不牢固
4	倒杆	电杆埋深不足或裂纹严重
		拉线受力不正常

2. 安全措施

（1）针对触电采取的安全措施：

1）核对路名、色标、杆号正确无误；

2）确认工作线路已停电、验电、装设接地线悬挂标识牌；

3）如有需要穿越的线路也应停电、验电、装设接地线。

（2）针对高摔采取的安全措施：

1）登杆前对脚扣、安全带做冲击试验；

2）登杆第一步开始全程使用安全带，不得失去安全保护；

3）到达工作位置后应先系好后备保护绳；

4）登杆过程防止脚扣打滑；

5）安全带及后备保护绳不应低挂高用；

6）穿越障碍时不得失去安全保护。

（3）针对物品坠落采取的安全措施：

1）上下传递物品应使用传递绳；

2）工具、材料未挂牢前不得失去绳索保护；

3）绳扣系法正确；

4）工具材料接触地面时应轻缓。

（4）针对倒杆采取的安全措施：

1）登杆前检查电杆无横纵向裂纹，埋深满足要求；

2）检查拉线受力正常。

六 项目操作步骤

1. 具体操作步骤

（1）登杆前检查。

具体操作步骤详见本书公共部分内容。

（2）登杆作业。

具体操作步骤详见本书公共部分内容。

（3）登杆到达作业位置。

正　确　选择作业位置合理

错　误　作业位置过低

正 确 后备保护应在安全带之上

错 误 后备保护在安全带之下

正 确 作业侧为承重腿且在下

错 误 作业侧承重腿在上

（4）临时拉线的传递与安装传递。

正　确　将传递绳固定在可靠位置

错　误　传递绳背在身上

正　确　临时拉线应安装在原拉线下方，收紧后不得与其他构件挤压

错　误　安装在横担上侧，收紧后与横担挤压，破坏横担镀锌层

正　确　临时拉线应在电杆上绕 2 圈及以上

错　误　临时拉线绕一圈，易造成钢丝绳在电杆上滑动

正　确　先固定再解传递绳，确保物品时刻在保护范围内

错　误　先解绳再固定

（5）制作临时拉线。

正　确　钢丝套固定在拉线棒上，且与拉线棒接触位置垫有软布，防止损伤镀锌层

错　误　钢丝绳直接穿过拉线棒，未采取防磨措施，破坏镀锌层

正　确　在钢丝绳上卡牢卡线器，并采取封口措施

错　误　未采取封口措施，当受力后易造成卡线器断裂或钢丝绳跑出

正　确　收紧紧线器，临时拉线应略紧于原有拉线，使原拉线不承力

错　误　收紧不足，松开原拉线后将造成电杆倾斜，杆根受损

正　确　将钢丝绳穿过拉线棒环，将尾线与主线使用卡豆连接，对临时拉线起到后备保护作用，安装卡豆应正反交错使用

错　误　卡豆安装方向一致，或使用单个卡豆

（6）拆除原拉线。

正　确　冲击检查临时拉线受力可靠后，松掉UT线夹的螺帽，松开原拉线

错　误　未冲击检查临时拉线受力情况，直接拆除UT线夹的螺帽

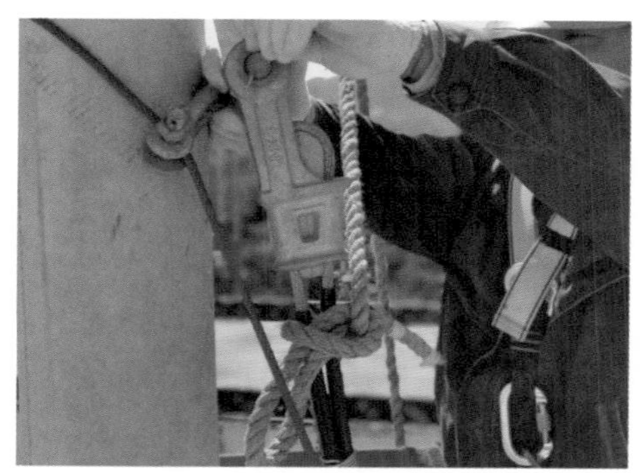

正　确　原拉线拆除前应系好传递绳，且绳扣正确

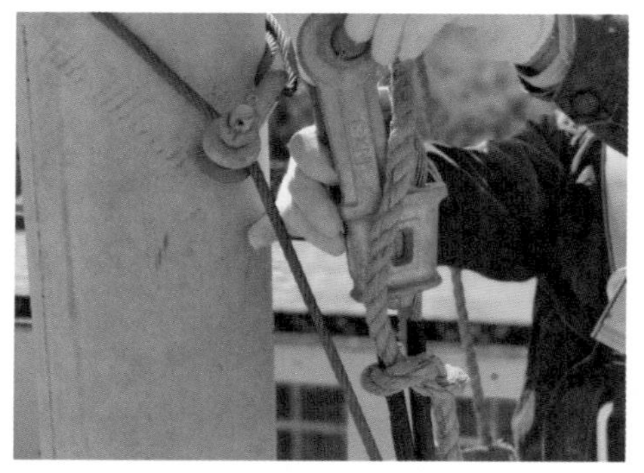

错　误　拆除前未系好传递绳，绳扣系法不正确

（7）安装新拉线。

正　确 新拉线绳扣正确

错　误 新拉线提升绳扣不正确

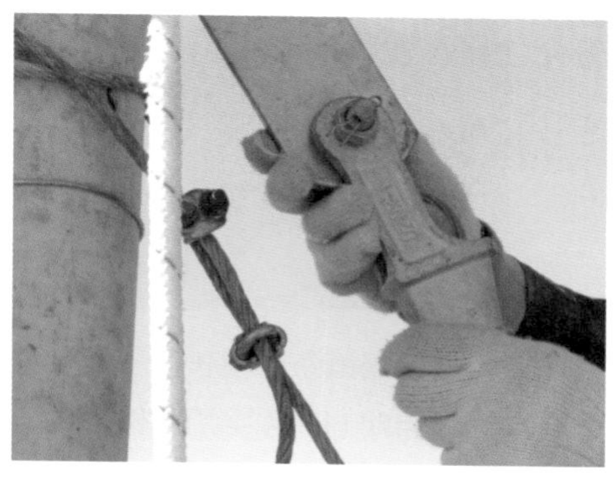

正　确 楔型线夹的鼓肚侧应在上

错　误 楔型线夹鼓肚朝下

正　确 楔型线夹螺栓方向与抱箍穿钉方向一致

错　误 楔型线夹穿钉方向与抱箍穿钉方向不一致

正 确 安装弹簧销

错 误 未安装弹簧销

正 确 紧线器链条预留长度满足制作UT线夹要求

错 误 紧线器链条预留长度不足，影响后期UT线夹的制作

（8）新拉线下把制作安装。

正 确 将卡线器卡在钢绞线上，并封口

错 误 卡线器未封口

正 确 将拉线收紧

错 误 拉线收紧不足

正 确 检查电杆应向拉线侧倾斜，以满足电杆受到导线拉力后而正直

错 误 未检查电杆倾斜情况

正 确 将 UT 楔型线夹的 U 箍穿过拉线棒环，通过楔块确定钢绞线弯曲位置，并做好标记

错 误 楔块比对错误，且未做标记

正 确 一手正手握住预弯钢绞线标记处，另一手反手握住钢绞线的尾端，进行钢绞线的弯制

错 误 用握臂力器方式握钢绞线

正 确 收紧反手握钢绞线的手臂，弯曲钢绞线，使标记处在弧顶位置

错 误 标记未在弧顶，造成钢绞线露出楔型线夹过长或过短

正 确 钢绞线弯曲时应抓紧握实

错 误 钢绞线弯曲时未抓握紧实

正　确　将钢绞线尾端在主线两侧反复弯曲调整至尾线与主线在一平面上

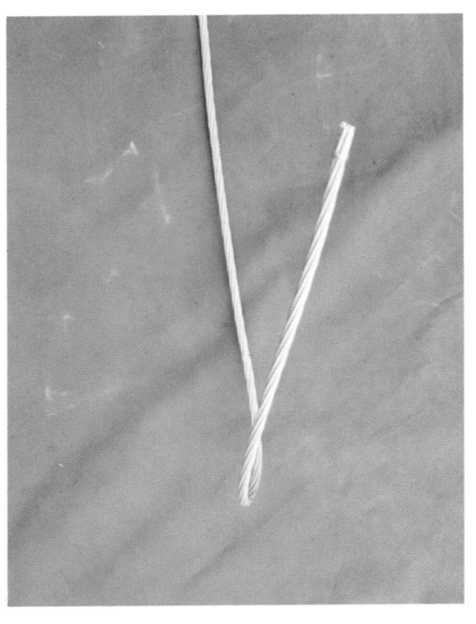

错　误　尾线与主线形成螺旋状

正　确　将钢绞线尾线由线夹窄口穿入，再由平口返出

错　误　将钢绞线尾线由线夹宽口穿入，再由窄口返出

正 确 将钢绞线尾线穿入楔型线夹，确保尾线在鼓肚侧

错 误 钢绞线尾线未在楔型线夹鼓肚侧，钢绞线未顺向受力

正 确 为防止破坏镀锌层，应使用木锤敲击

错 误 使用金属物敲击，破坏镀锌层

正　确　使用木锤时不得戴手套，防止飞锤伤人

错　误　使用金属锤时戴手套

正　确　钢绞线与楔板接触紧密无缝隙

错　误　钢绞线与楔板接触不紧密，有缝隙

正　确　将线夹安装在 U 型箍上，并安装好平垫圈

错　误　未加平垫圈

正 确 安装背母，并拧紧

错 误 未安装背母

正 确 楔块应处于 U 型箍正中

错 误 楔块在 U 型箍之间位置偏

正 确 U 型箍双螺母紧固后，螺丝口处需外漏 20～30mm 距离

错 误 螺丝口处外漏距离不符合要求

（9）拆除临时拉线。

正 确 先松开卡豆，再松开紧线器至临时拉线松弛后登杆拆除

错 误 松开顺序错误

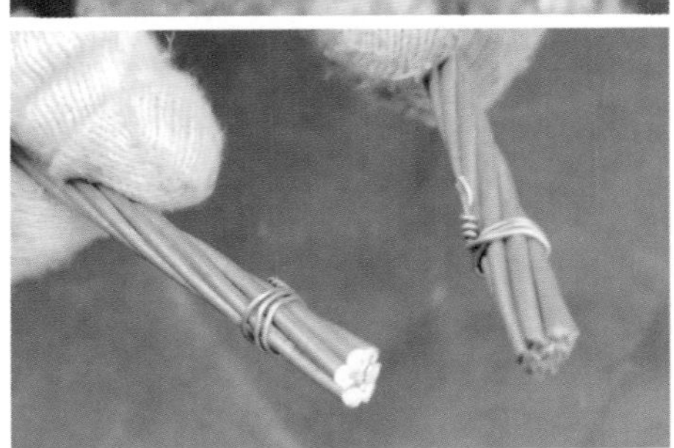

正 确 根据 UT 线夹长度，确定拉线预留，做好标记，对剪切点两侧用金属丝绑扎

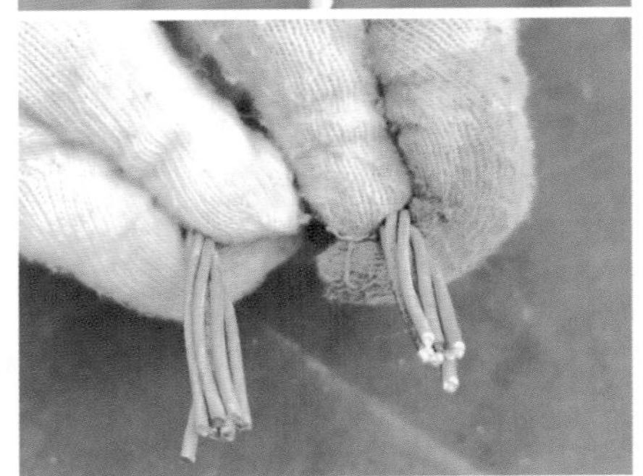

错 误 切断钢绞线未绑扎，钢绞线散股

正　确　尾线与主线正确绑缠 40mm ± 2mm

错　误　尾线与主线绑缠长度不满足要求

正　确　尾线与主线正确绑缠无鼓肚、缝隙

错　误　尾线与主线绑缠有鼓肚、缝隙

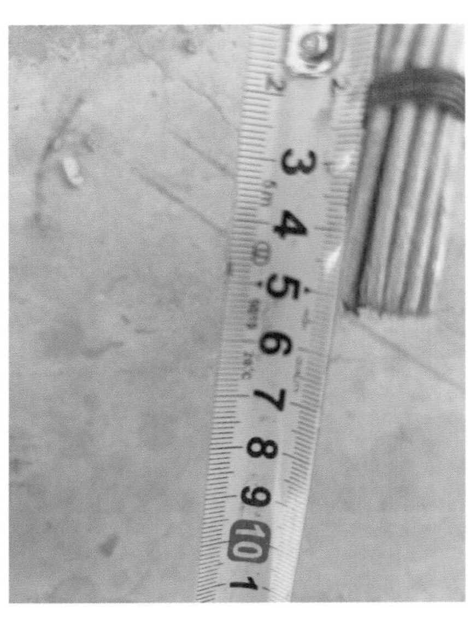

正　确　绑扎后靠近端头侧最后一圈扎线距线端 50mm，小辫合格且压平、位于两线中间

错　误　绑扎后靠近端头侧最后一圈扎线距线端间距不符合要求

正　确　制作完毕，尾线与主线应平直，无变形，且无镀锌损伤

错　误　尾线与直线扭绞，影响绑扎紧密程度

（10）回检。

正　确　杆上无遗留，拉线制作完毕

错　误　杆上遗留工具

七　收尾工作

1. 设备复原

具体操作参考本书操作项目 01 中项目收尾工作的设备复原相关内容。

2. 工具复原

正　确　工具应整理并分类放置

错　误　工具未整理，且未分类摆放

3. 现场清理

正　确　场地无遗留工具且整洁

错　误　场地有遗留工具且不整洁